Clé simplifiée de détermination des feuillus

- Feuilles simples
  - Feuilles opposées
    - Feuilles palmées à 5 lobes séparés par un angle aigu. Fruits : graines ailées soudées par deux — **Érable**
  - Feuilles alternées (décalées)
    - Bord lisse
      - Feuilles ondulées. Graines (faines) dans une coque épineuse — **Hêtre**
    - Bord denté
      - Feuilles gaufrées à dents fines. Fruits secs ailés — **Charme**
      - Feuilles en triangle. Tronc blanc. Fruits ailés — **Bouleau**
      - Feuilles en forme de cœur avec une pointe au bout — **Tilleul**
      - Feuilles allongées à fortes dents. Fruits (châtaignes) dans une bogue piquante — **Châtaignier**
    - Bord lobé
      - Lobes arrondis. Fruits : glands — **Chêne**
- Feuilles composées (Folioles)
  - Feuilles opposées
    - Folioles dentées fixées en un même point. Fruits : marrons — **Marronnier**
    - Folioles dentées disposées le long de la nervure. Fruits secs ailés — **Frêne**
  - Feuilles alternées (décalées)
    - Folioles non dentées. Rameaux à épines. Fruits : gousses — **Robinier**

Claude Lizeaux • Denis Baude

SVT 6e

Sciences de la Vie et de la Terre

Ce livre a été écrit par une équipe de professeurs de collège et de lycée :

Vincent Audebert

Denis Baude

Sabine Bobée

Catherine Buttet

Antoine Chaleix

Bruno Forestier

Nathalie Fouquet

Emmanuel Josse

Claude Lizeaux

Aurélie Ménard-Parrod

Marie Perrier-Chauveau

Claudine Peyridieu

Madeleine Sautereau

Bordas

Un nouveau manuel de SVT 6e pour un programme actualisé

Depuis l'aménagement des programmes, publié au *Bulletin Officiel de l'Éducation Nationale* le 28 août 2008 pour tenir compte du socle commun de connaissances et de compétences, les pratiques pédagogiques se sont diversifiées. Parmi elles, la mise en œuvre de tâches complexes permet aux élèves de mobiliser leurs connaissances, capacités et attitudes dans un cadre suffisamment ouvert pour leur permettre d'exercer progressivement leur autonomie d'organisation et de raisonnement.

Ce nouveau manuel de 6e proposé par les Éditions Bordas, tout en s'inscrivant dans une continuité, tient compte de ces évolutions. Vous y trouverez :

- des doubles pages pour se remémorer les acquis du Primaire et **s'interroger** ;
- des activités et des documents de difficulté variée permettant d'atteindre fidèlement les objectifs du programme en tenant compte de la progressivité des apprentissages ;
- de nombreuses **activités pratiques** (observations, expérimentations, manipulations simples) pour accompagner la mise en œuvre d'**investigations** ancrées dans le réel et développer le **sens de l'observation** ;
- des pistes pour développer et évaluer les **compétences numériques** ;
- des **pages bilan** comprenant un court résumé pour chaque activité, un schéma-bilan facilitant la mémorisation ainsi que des repères, conformes au du **socle commun**, afin de faciliter les révisions ;
- de **nouveaux exercices** de difficulté graduée pour développer et évaluer la maîtrise de connaissances, de capacités et d'attitudes, depuis le **QCM** ou l'**exercice guidé** jusqu'à la **tâche complexe** ;
- des doubles pages « **Éducation au développement durable** » et « **Le coin des curieux** » pour développer les compétences citoyennes et l'esprit de curiosité ;
- un « **Guide pratique** » regroupant des fiches d'aides techniques et méthodologiques **actualisées** sous la forme d'étapes adaptées à la classe de 6e ;
- un lexique « **Le vocabulaire de SVT** » pour retrouver facilement la définition des mots nouveaux.

Une utilisation de l'Internet complémentaire de l'utilisation du manuel : un certain nombre de documents du manuel se réfèrent à des sites Web. L'accès à ces ressources est possible à partir d'un lien direct sur le site Bordas dédié au manuel : la validité de ces liens et du contenu des sites sont régulièrement contrôlés.

Mise en page : Soro, Joëlle Casse
Compogravure : Irilys
Iconographie : Christine Varin, Fabrice Lucas
Dessins : Domino
Illustrations : Catherine Claveau et Jean-Gabriel Jauze
Couverture : Gérard Fally
Direction artistique : Pierre Taillemite

ISBN : 978-204-733146-0

Sommaire

Partie 1

Caractéristiques de l'environnement et peuplement du milieu

Partie 2

L'origine de la matière des êtres vivants

Partie 3

Des pratiques au service de l'alimentation humaine

Partie 4

Diversité, parentés et unité des êtres vivants

Guide pratique

Découvrez votre manuel

Une organisation commune pour tous les chapitres

Les acquis

- Des documents sélectionnés pour rappeler les acquis fondamentaux de l'école primaire et découvrir des problèmes qui restent encore à résoudre.

L'ouverture des chapitres

- Pour poser la problématique générale de chaque chapitre.

Une grande variété de supports pour les activités

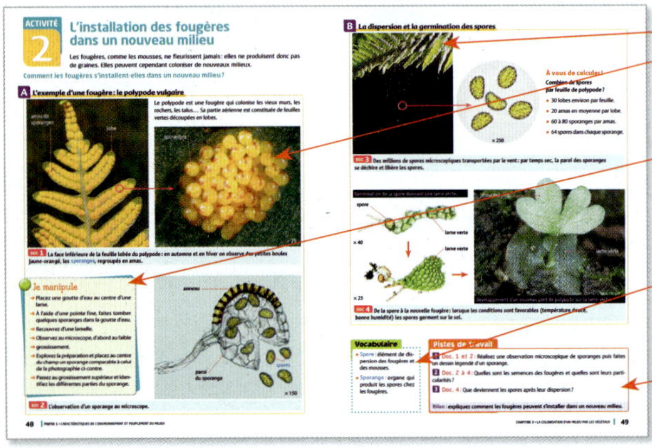

- Des documents de grande qualité choisis pour construire une notion du programme.
- Un guide précis pour les manipulations et les expériences.
- Des définitions avec les mots importants et les mots « difficiles ».
- Des pistes de travail qui :
  – suggèrent une façon d'exploiter les documents,
  – invitent à faire une synthèse de l'activité.

Le bilan du chapitre

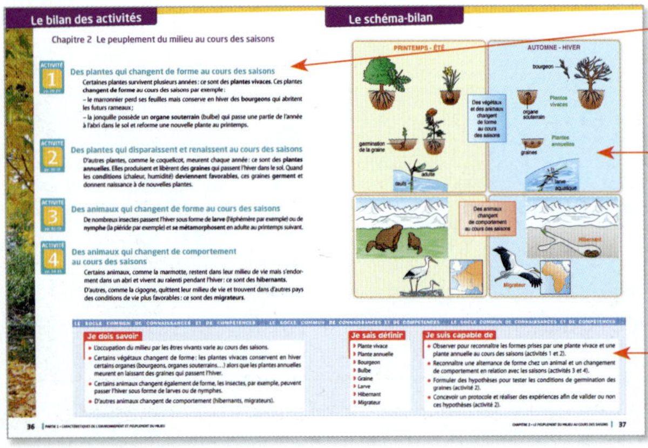

- Le bilan des activités et les mots importants.
- Un schéma-bilan pour faciliter la mémorisation.
- Les connaissances et les compétences du socle commun.

Les exercices

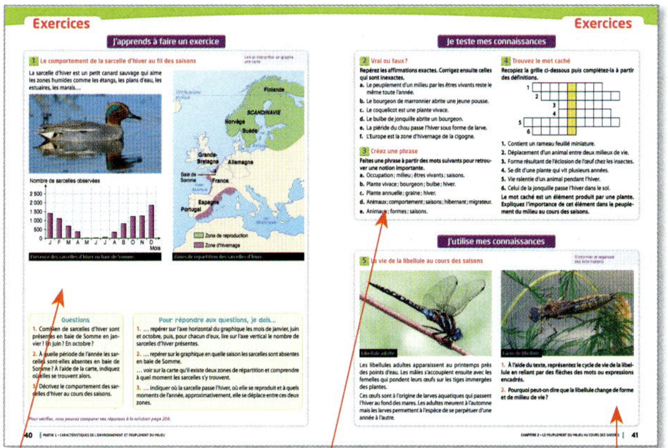

- Des exercices guidés pour apprendre à faire un exercice.
- Des exercices pour tester ses connaissances.
- Des exercices originaux et de difficulté variée pour appliquer ses connaissances ou développer des capacités.

Les tâches complexes

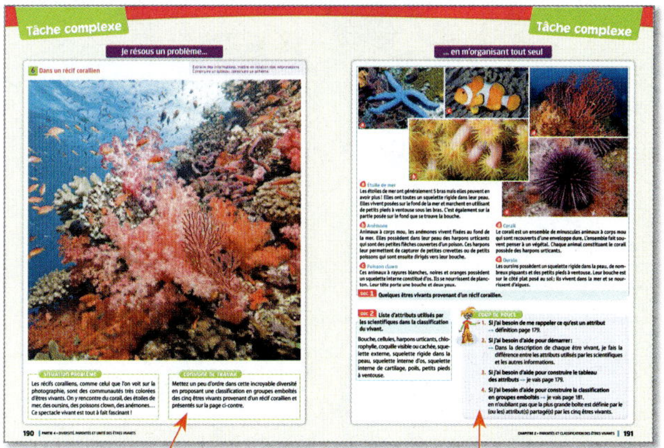

- Des consignes claires pour résoudre seul un problème.
- Des coups de pouce pour vous aider.

Des pages hors chapitres motivantes et utiles

Des pages « Coin des curieux »

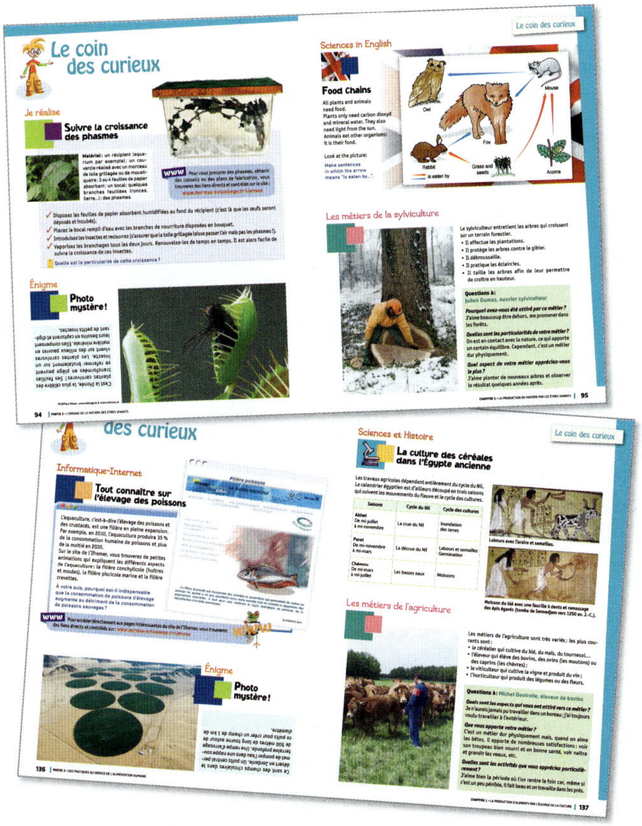

- Des pages attrayantes pour satisfaire la curiosité et parfois donner envie d'aller plus loin.
- Des exercices en langue étrangère, conformément aux attendus du programme.
- Des fiches métiers pour une première approche du monde du travail.

Des pages « Développement durable »

- Pour une prise de conscience des conséquences des activités humaines.

Un « Guide pratique »

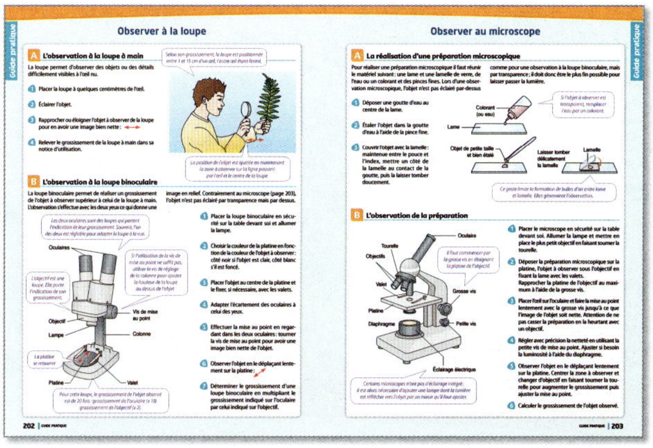

- Utilisable tout au long de l'année dans de nombreuses situations de travail.

Un environnement proche d'un collège.

PARTIE 1

Caractéristiques de l'environnement et peuplement du milieu

Retrouver des acquis…

Vivant et non-vivant

Citez les êtres vivants ainsi que les éléments non vivants présents dans ce milieu.
Rappelez quelques caractéristiques des êtres vivants.

Le rôle du mâle et de la femelle

Accouplement du bouc et de la chèvre

La naissance du chevreau

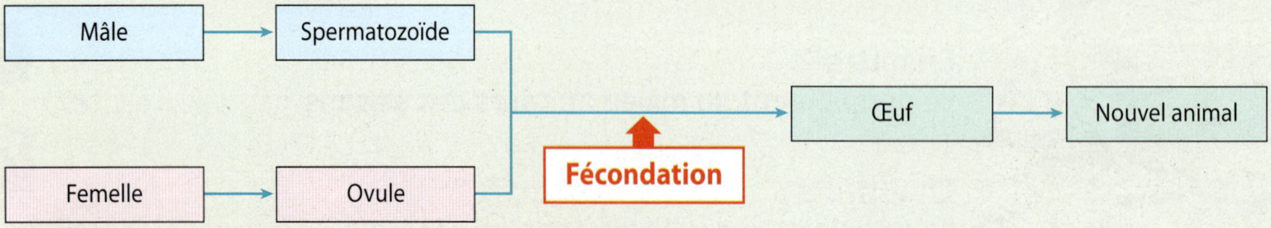

Les étapes indispensables à la formation du petit chevreau.

Quel est le rôle du mâle ? Celui de la femelle ? Savez-vous ce qu'est la fécondation ?

... et s'interroger

La formation des fruits

Comment se forme une pomme ? Savez-vous à quoi correspondent les pépins ?

La germination des graines

Étapes de la germination d'une graine de pois

Que se passe-t-il successivement au cours de la germination d'une graine ?
Que faut-il pour qu'une graine germe ?

PARTIE 1

Caractéristiques de l'environnement et peuplement du milieu

EXTRAIT DU PROGRAMME
(B.O. spécial n° 6 du 28 août 2008)

Caractéristiques de l'environnement proche et répartition des êtres vivants
(Durée conseillée : 10 % de l'horaire annuel)

CONNAISSANCES
On distingue dans notre environnement :
– des composantes minérales ;
– divers organismes vivants et leurs restes ;
– des manifestations de l'activité humaine.
Les organismes vivants observés ne sont pas répartis au hasard.
Il existe des interactions entre les organismes vivants et les caractéristiques du milieu, par exemple, la présence d'un sol, la présence d'eau, l'exposition, l'heure du jour.

CAPACITÉS
Observer, recenser et organiser des informations afin d'établir que les êtres vivants ne sont pas répartis au hasard et d'identifier ce qui est animal, végétal, minéral ou construit par l'Homme.
Formuler l'hypothèse d'une relation de cause à effet entre les conditions de milieu et la présence d'êtres vivants.
Réaliser des mesures afin d'établir les caractéristiques d'un milieu. Construire un tableau afin de présenter les résultats des mesures.

Le peuplement d'un milieu
(Durée conseillée : 30 % de l'horaire annuel)

CONNAISSANCES
L'occupation du milieu par les êtres vivants varie au cours des saisons. Ces variations du peuplement du milieu se caractérisent par :
– les alternances de formes chez les espèces végétales (semences, bourgeon, organes souterrains) et animales (adultes, larves) ;
– des comportements chez les espèces animales.
Ces alternances de formes (larve / adulte, graine / plante) sont des modalités du développement des organismes vivants.
L'installation des végétaux dans un milieu est assurée par des formes de dispersion : graines ou spores.
L'envahissement d'un milieu est assuré par certaines parties du végétal impliquées dans la reproduction végétative.
La formation de la graine nécessite le dépôt de pollen sur le pistil de la fleur pour permettre la fécondation.
L'influence de l'Homme peut être :
– directe sur le peuplement (déboisement, ensemencement, chasse, utilisation de pesticides...) ;
– indirecte sur le peuplement (accumulation de déchets, aménagement du territoire, modifications topographiques).

CAPACITÉS
Observer, recenser et organiser des informations relatives au peuplement du milieu et à ses variations.
Formuler des hypothèses relatives à l'influence des conditions de milieu sur la germination.
Participer à la conception d'un protocole pour éprouver ces hypothèses et le mettre en œuvre dans le cadre d'une démarche expérimentale.
Valider ou invalider les hypothèses formulées.
Réaliser une culture : mise en germination.
Formuler des hypothèses sur le mode de dissémination d'une semence en fonction de ses caractères.
Faire (en respectant des conventions) un dessin scientifique de certaines parties d'un végétal.
Effectuer un geste technique en observant à la loupe binoculaire et/ou au microscope de certaines parties d'un végétal.
Suivre un protocole de dissection d'une fleur, de réalisation d'un marcottage ou d'un bouturage.
Situer dans le temps des découvertes scientifiques relatives à la pollinisation.

Chapitre 1

Les caractéristiques de notre environnement

Une sortie dans l'environnement proche.

Que ce soit dans l'enceinte du collège ou dans un autre milieu situé à proximité, notre environnement possède des caractéristiques précises et on peut y observer des êtres vivants.

Quels êtres vivants peut-on rencontrer dans cet environnement et quelles y sont les conditions de vie ?

ACTIVITÉ 1

La découverte de notre environnement proche

L'enceinte du collège est un environnement proche, facile à observer, qui abrite tout au long de l'année divers êtres vivants.

De quoi se compose notre environnement ?

A À la découverte du collège

Je réalise

- Faites une liste des différents éléments, naturels ou non, qui composent l'enceinte de votre collège.
- Repérez l'enceinte du collège et ses différents éléments sur une image satellitale ou une vue aérienne (vous pouvez par exemple utiliser le site « Géoportail » ou le logiciel « Google Earth »).
- Faites un plan légendé de l'enceinte de votre collège (comme le plan ci-contre).

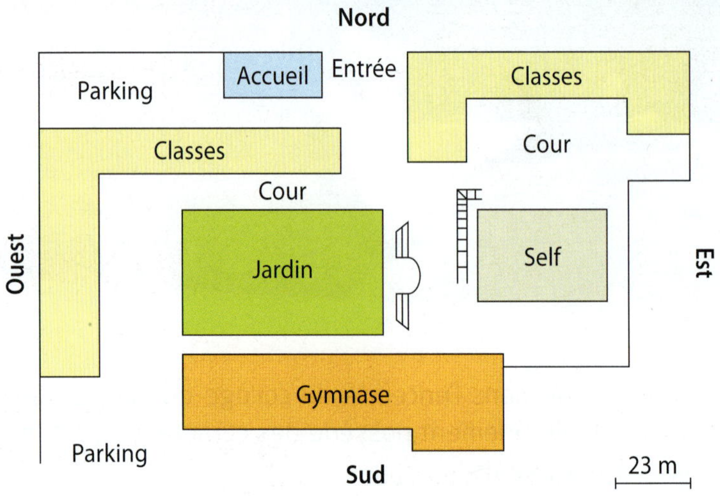

DOC 1 Des caractères propres à l'espèce humaine et des variations entre individus.

B Les principales composantes de l'environnement

Dans un environnement, on distingue :
– des **êtres vivants** (végétaux, animaux, champignons) et tout ce qui en provient (feuilles mortes, plumes…) ;
– des **manifestations de l'activité humaine** (bâtiments, routes…) ;
– des **composantes minérales** (eau, air, roche…).

DOC 2 Le collège est un espace façonné par l'Homme, dans lequel on peut repérer les principales composantes de l'environnement.

Vocabulaire

- **Être vivant :** être qui naît, se nourrit, grandit et meurt. Il peut se reproduire (exemples : les végétaux, les animaux…).
- **Matière minérale :** matière non vivante (exemples : l'eau, les gaz, les roches).

Pistes de travail

1 **Doc. 1 et 2 :** Classez les différents éléments rencontrés dans l'environnement du collège en utilisant les critères présentés par le **document 2** (vous pouvez faire un tableau à trois colonnes ou utiliser trois couleurs différentes).

2 Trouvez d'autres exemples qui peuvent être présents dans cet environnement proche.

Bilan : citez les trois composantes principales d'un environnement.

ACTIVITÉ 2

La répartition des êtres vivants présents dans le collège

Dans un environnement, les êtres vivants ne vivent pas tous en permanence aux mêmes endroits.

Où et quand peut-on observer des êtres vivants dans l'enceinte du collège?

A Des êtres vivants observés dans l'enceinte du collège

J'observe et je prends des notes

- Au cours d'une sortie aux abords du collège, notez sur un carnet le nom des animaux et des végétaux rencontrés.
- Indiquez sur le plan du collège l'endroit précis où un être vivant a été observé, notez sur votre carnet la date, l'heure et éventuellement ce qu'il était en train de faire.
- Si possible, faites d'autres observations à d'autres moments.

DOC 1 Une pie bavarde cherche sa nourriture en bordure de la pelouse du collège.

DOC 2 Une araignée, l'épeire fasciée, a tendu sa toile entre des brins d'herbe; elle attend qu'une proie vienne se prendre dans son piège.

DOC 3 Une abeille à miel butine une fleur de pissenlit.

DOC 4 Des fourmis noires ont installé leur fourmilière sous un mur: par beau temps, on observe un trafic incessant de fourmis à l'entrée de ce refuge.

B Des habitants différents dans des endroits pourtant très proches

DOC 5 Un lézard des murailles et une punaise rouge, au soleil dans une anfractuosité du mur.

DOC 6 Des graminées et des lichens à la base d'un tronc d'arbre.

DOC 7 Une limace grise, ou loche, dans la pelouse humide.

Vocabulaire

- **Lichen :** être vivant qui vit sur les troncs d'arbres, les murs, les rochers… ; il n'a pas besoin de sol pour se développer.
- **Répartition d'un être vivant :** lieux et moments où cet être vivant est présent dans un environnement ou une aire géographique.

Pistes de travail

1 Doc. 1 à 7 : Indiquez dans un tableau à trois colonnes le nom de l'être vivant, le lieu et le moment où vous l'avez trouvé.

2 Doc. 1 à 7 : Formulez des hypothèses pouvant expliquer les raisons pour lesquelles ces êtres vivants se trouvent à des endroits différents à ce moment de la journée.

Bilan : montrez que la répartition des êtres vivants dans l'enceinte du collège ne semble pas due au simple hasard.

ACTIVITÉ 3

Les conditions de vie et la répartition des êtres vivants

Vous avez pu constater que les êtres vivants occupent des milieux de vie différents. Or, chaque milieu de vie possède des caractéristiques qui lui sont propres.

Ces caractéristiques ont-elles une influence sur la répartition des êtres vivants ?

A La répartition des punaises rouges sur un tronc d'arbre

DOC 1 Des punaises rouges sur le tronc d'un sapin (à gauche : face nord ; à droite : face sud du tronc).

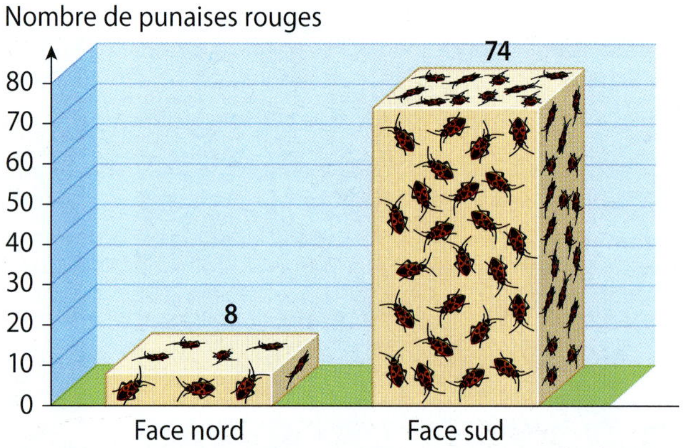

DOC 2 Quantités de punaises rouges dénombrées sur les deux faces du tronc, à 14 heures.

DOC 3 Mesure de la luminosité sur les deux faces du tronc, à 14 heures.

Je manipule

- À l'aide d'une boussole, repérez la face sud et la face nord du tronc d'arbre.
- À l'aide d'un **luxmètre**, mesurez la **luminosité** sur la face nord puis sur la face sud (avec l'appareil ci-contre, il faut multiplier la valeur affichée par 100 pour avoir la luminosité en lux).

B La répartition des végétaux sur un vieux mur

À l'aide d'une console d'expérimentation portable, on peut mesurer simultanément l'éclairement, la température et l'**hygrométrie**.
De telles mesures ont été réalisées sur les deux faces d'un mur, l'une exposée au sud, l'autre au nord.

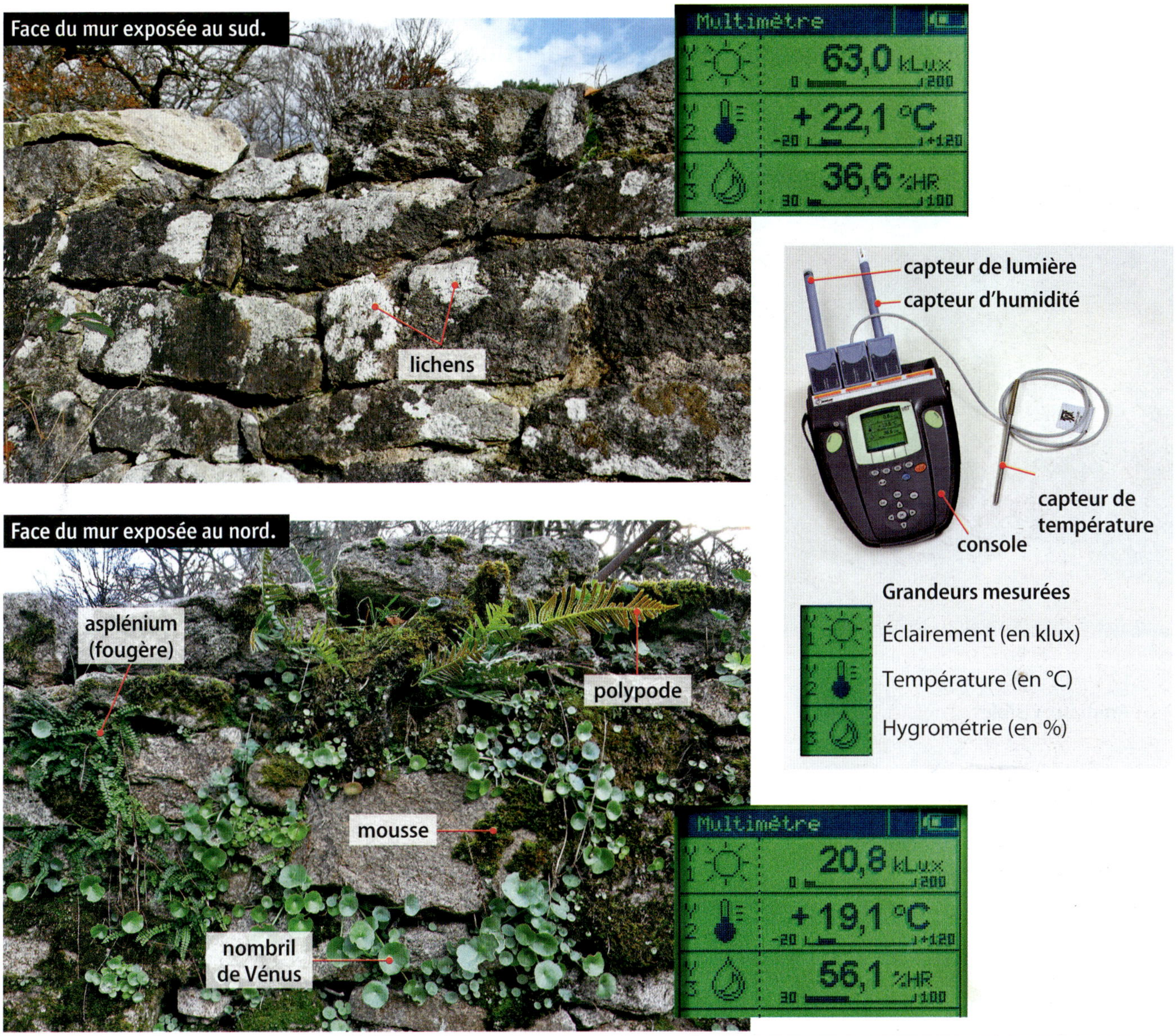

DOC 4 La répartition des végétaux dépend de plusieurs caractéristiques.

Vocabulaire

- **Luxmètre :** appareil qui permet de mesurer la luminosité en lux.
- **Luminosité :** quantité de lumière présente à un endroit (l'unité est le lux). 1 klux = 1 000 lux.
- **Hygrométrie :** quantité d'eau sous forme gazeuse (vapeur d'eau) présente dans l'air humide. Elle se mesure en pourcentage.

Pistes de travail

1 **Doc. 1 et 2 :** Comparez la répartition des punaises rouges sur les deux faces du tronc du sapin.

2 **Doc. 2 et 3 :** Comparez les valeurs de luminosité mesurées, puis proposez une explication à la répartition des punaises rouges.

3 **Doc. 4 :** Comment expliquez-vous la répartition des différents végétaux sur les deux faces de ce mur ?

Bilan : rédigez un petit texte montrant que certaines conditions du milieu influencent la répartition des êtres vivants.

ACTIVITÉ 4

D'autres facteurs influencent la répartition des êtres vivants

En fonction de l'exposition, nord ou sud par exemple, la répartition des êtres vivants est différente.

Quelles autres causes peuvent influencer la répartition des êtres vivants ?

A La répartition des êtres vivants au cours de la journée

À l'aide d'une console comme celle de la page 17, on mesure, pendant 24 heures, trois caractéristiques de cet environnement :
• la luminosité ; • la température ; • l'hygrométrie.

Animaux visibles	de 12h à 13h	de 23h à 24h
 Abeilles	52	0
 Papillons de jour	5	0
 Papillons de nuit	0	7
 Araignées	4	3
 Limaces	0	14
 Lézards	1	0
 Hérissons	0	1

DOC 1 Un recensement des animaux dans un jardin selon le moment (journée de fin d'été).

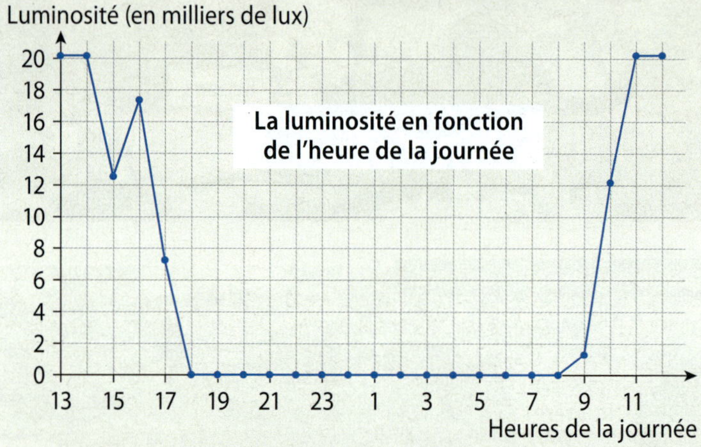

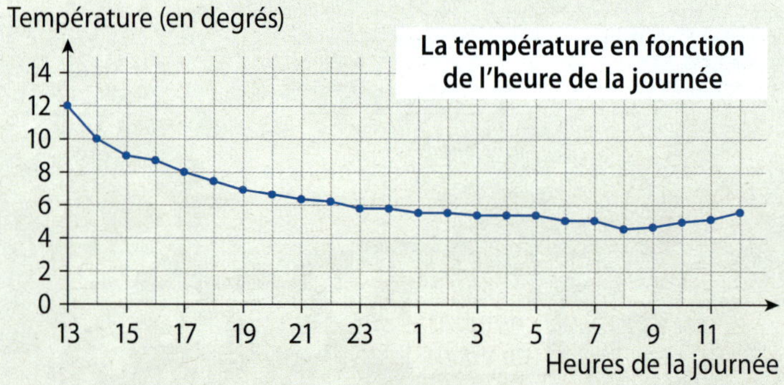

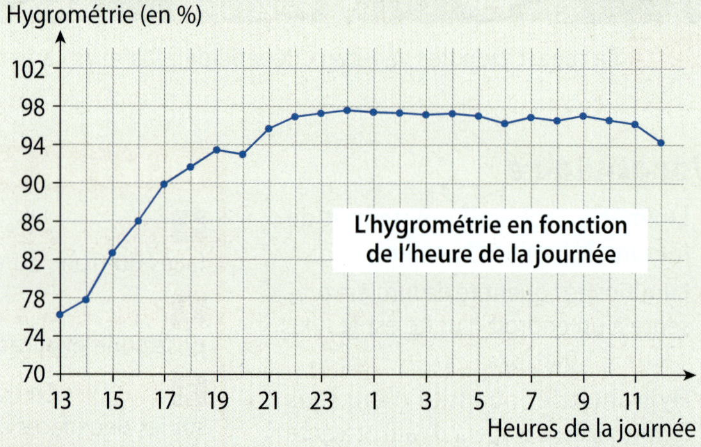

DOC 2 Des mesures effectuées sur 24 heures dans un jardin du sud-ouest de la France.

B La répartition des êtres vivants dépend de causes locales

1 Nénuphars, plantes aquatiques des eaux calmes et peu profondes.

2 Roseaux, végétaux qui se développent dans les zones **marécageuses**.

3 Arbres et prairie poussant sur un sol non gorgé d'eau.

DOC 3 Répartition des végétaux en bordure d'un étang. Plus on s'éloigne de l'étang, moins le sol est gorgé d'eau.

La végétation est souvent très différente sur les deux **versants** d'une vallée en montagne.

Les villages et les chalets sont installés principalement sur le versant exposé au soleil.

DOC 4 Répartition des êtres vivants dans une vallée alpine. L'**exposition** au sol n'est pas la même sur les deux versants (photographie et mesures faites à midi au mois d'août).

Vocabulaire

- **Marécage :** zone humide dont le sol est recouvert par une couche d'eau stagnante peu profonde.
- **Versant :** surface inclinée située entre un sommet et le fond d'une vallée.
- **Exposition :** orientation par rapport à la direction du soleil.

Pistes de travail

1 Doc. 1 et 2 : Quels sont les animaux présents dans le jardin à midi ? À minuit ? Quelles conditions permettent d'expliquer cette répartition ?

2 Doc. 3 et 4 : Quelles autres causes locales peuvent influencer la répartition des végétaux ?

Bilan : énumérez les différentes causes locales qui influencent la répartition des êtres vivants.

Chapitre 1 Les caractéristiques de notre environnement proche

ACTIVITÉ 1 pp. 12-13

La découverte de notre environnement proche

Dans notre **environnement**, on distingue :
- des **êtres vivants** (animaux, végétaux, champignons…) et leurs restes (plumes, feuilles mortes…) ;
- des **composantes minérales** (eau, air, roches…) ;
- des **manifestations de l'activité humaine** (routes, bâtiments…).

ACTIVITÉ 2 pp. 14-15

La répartition des êtres vivants présents dans le collège

Les êtres vivants qui peuplent le collège sont nombreux et variés. Ils occupent des milieux de vie différents. Selon ces milieux, les êtres vivants rencontrés ne sont pas les mêmes, leur **répartition** est différente.

ACTIVITÉ 3 pp. 16-17

Les conditions de vie et la répartition des êtres vivants

Les êtres vivants ne sont pas répartis au hasard. En effet, les milieux de vie possèdent des **caractéristiques** qui leur sont propres (température, éclairement, humidité…).

Ces caractéristiques, mesurables, déterminent des **conditions de vie** plus ou moins favorables pour chaque être vivant. Elles influencent donc la répartition des êtres vivants dans l'environnement.

ACTIVITÉ 4 pp. 18-19

D'autres facteurs influencent la répartition des êtres vivants

Des **causes locales** influencent également la répartition des êtres vivants. En effet, certaines caractéristiques peuvent changer en fonction :
- de l'heure du jour ;
- de la présence d'eau, d'un sol… ;
- de l'exposition par rapport au soleil…

LE SOCLE COMMUN DE CONNAISSANCES ET DE COMPÉTENCES … LE SOCLE COMMU

Je dois savoir

- Dans notre environnement, on distingue des êtres vivants et leurs restes, des composantes minérales (eau, air, roches) et des manifestations de l'activité humaine.
- Les êtres vivants qui peuplent l'environnement ne sont pas répartis au hasard.
- Leur répartition dépend des relations qu'ils ont entre eux mais aussi des caractéristiques du milieu telles que la présence d'un sol, la présence d'eau, l'heure du jour, etc.

Le schéma-bilan

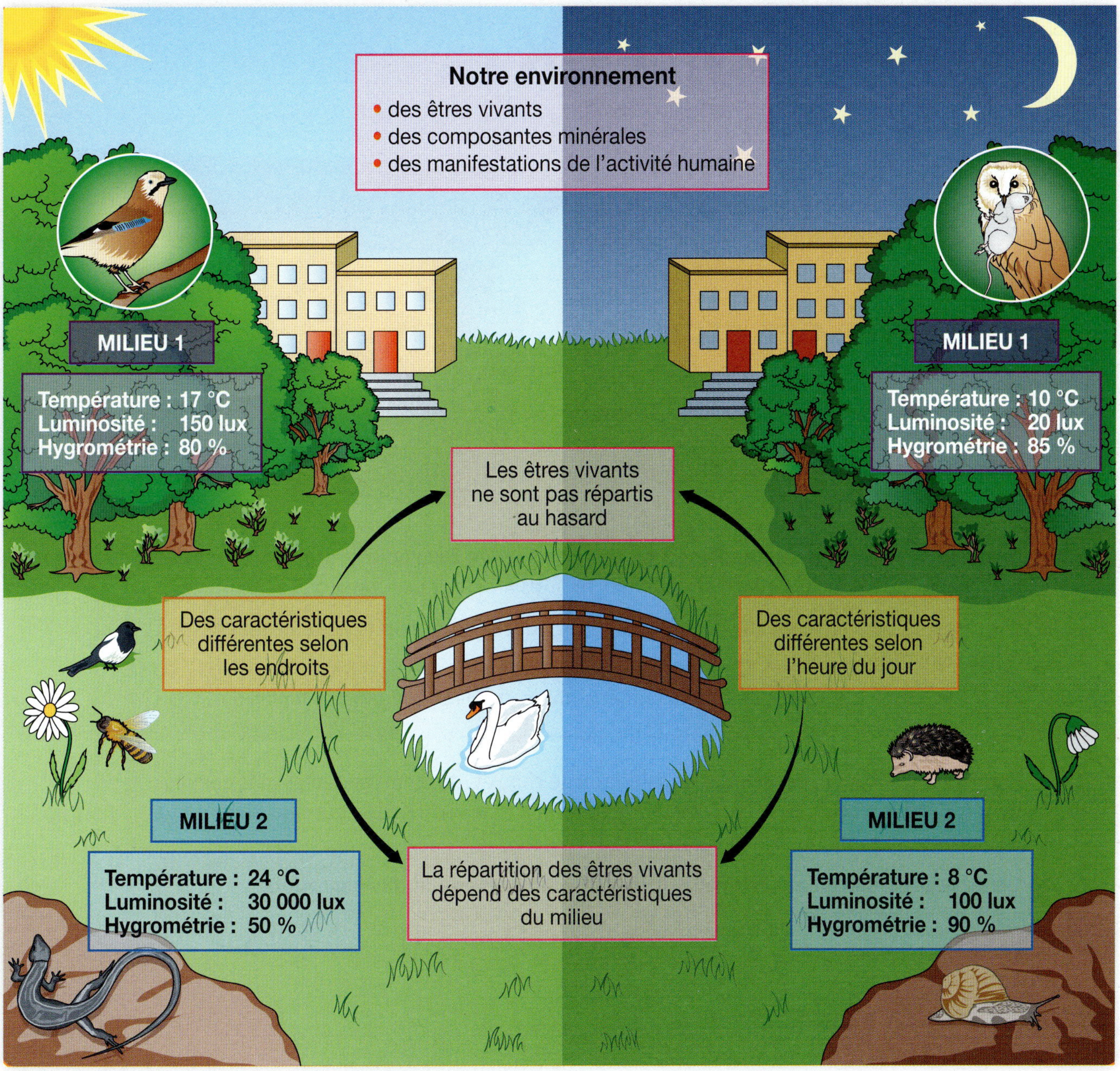

E CONNAISSANCES ET DE COMPÉTENCES ... LE SOCLE COMMUN DE CONNAISSANCES ET DE COMPÉTENCES ...

Je sais définir

- Environnement
- Être vivant
- Composantes minérales
- Répartition des êtres vivants

Je suis capable de

- Observer l'environnement afin d'identifier ses différentes composantes (activité 1).
- Observer la répartition des êtres vivants afin d'établir qu'ils ne sont pas répartis au hasard (activité 2).
- Réaliser des mesures pour connaître les caractéristiques des milieux de vie (activité 3).
- M'informer pour mettre en relation la présence d'êtres vivants et les conditions de vie dans un milieu (activités 3 et 4).

Le coin des curieux

Je réalise

Élever des escargots

Matériel : un aquarium ; du gravier ; du terreau ; des feuilles mortes ; un tube en plastique ; une grille fine pour couvrir l'aquarium ; une lampe non chauffante.

- ✓ Disposez au fond de l'aquarium une couche de gravier de 2 cm pour le drainage, puis une couche de terreau de 5 à 10 cm et quelques feuilles mortes pour conserver l'humidité.
- ✓ Plantez le tube à la verticale dans le gravier et pensez à le remplir d'eau régulièrement afin de maintenir l'humidité.
- ✓ Placez la lampe au-dessus de l'aquarium et allumez celle-ci au moins 15 h par jour.
- ✓ Déposez les escargots dans l'aquarium et couvrez-le avec la grille.
- ✓ Donnez-leur à manger des feuilles de salade ou de chou et, de temps en temps, des pommes de terre cuites à l'eau. Pensez à enlever régulièrement les restes de nourriture avant que des moisissures apparaissent.

Observez régulièrement l'élevage et notez le comportement des escargots au fil de la journée.

Curiosité de la nature

Je vis dans la glace

■ Cela semble incroyable, même la glace et la neige sont des habitats pour les animaux. Un petit insecte sans ailes, la « puce des glaciers », reste actif à des températures très basses, de l'ordre de – 16 °C. Comment ne pas geler à de telles températures ? L'organisme de cet insecte fabrique une sorte d'antigel qui protège ses organes de la congélation.

■ En été, en revanche, le plus grand problème pour cet insecte est la fonte de la glace car il risque alors de se noyer. Cependant, il peut se dégager facilement grâce à un dispositif lui permettant de faire des bonds de plus de 10 cm.

Pourquoi peut-on dire que la « puce des glaciers » est bien adaptée à son milieu de vie ?

Sciences et Histoire

L'horloge florale

Linné est un naturaliste suédois qui, au XVIIIe siècle, a décrit, nommé et classé environ 10 000 plantes !

Il remarque que certaines fleurs s'ouvrent et se ferment à des heures précises dans la journée.

Un siècle plus tard, on exploite cette observation pour faire des horloges florales, dont les cadrans sont des parterres de fleurs qui s'épanouissent et se ferment aux différentes heures de la journée. Ces horloges donnaient l'heure, paraît-il, à une demi-heure près.

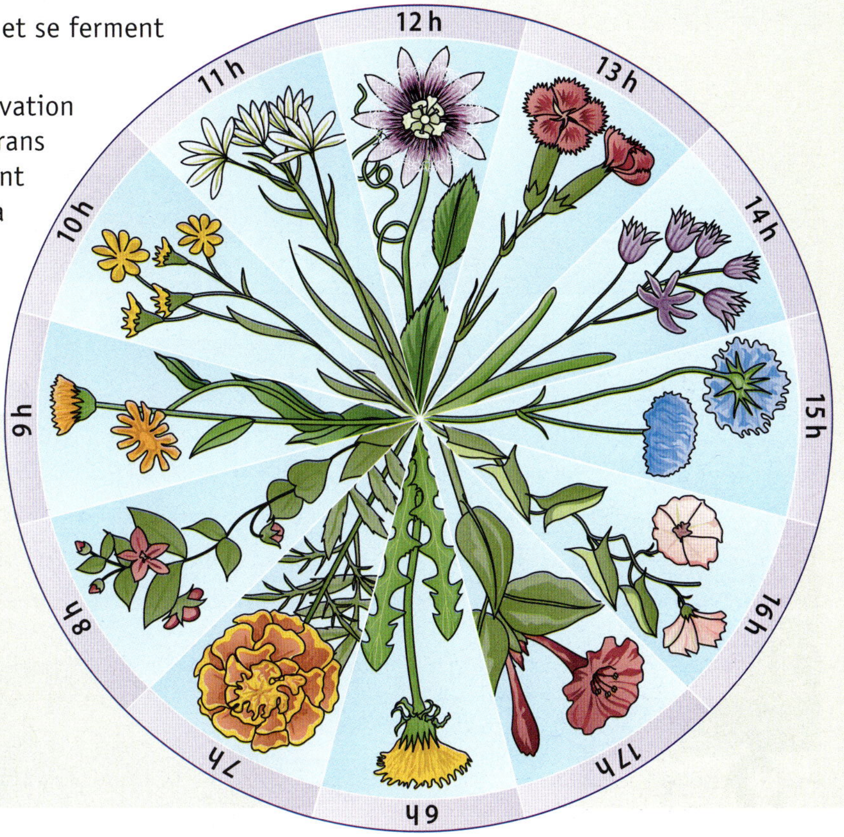

6 h : le pissenlit dent-de-lion s'ouvre.
7 h : l'œillet d'Inde s'ouvre.
8 h : le mouron rouge s'ouvre.
9 h : le souci des champs s'ouvre.
10 h : la lampsane commune se ferme.
11 h : la dame d'onze heures s'ouvre.
12 h : la fleur de la passion s'ouvre.
13 h : l'œillet prolifère se ferme.
14 h : la scille à deux feuilles s'ouvre.
15 h : la scabieuse colombaire se ferme.
16 h : le liseron des champs se ferme.
17 h : la belle-de-nuit s'ouvre.

Énigme

Photo mystère !

Ph©Paul Welan, www.biology.ie & www.lichens.ie

Cet être vivant est un lichen que l'on trouve sur les branches des pruneliers de l'ouest de l'Europe. Il est composé par l'association d'une algue et d'un champignon. Buissonnant et aux rameaux aplatis, ce lichen comporte de nombreux disques orange bordés de « cils », qui lui valent son surnom anglais de « Golden eye ».

Exercices

J'apprends à faire un exercice

1 Les composantes de l'environnement

Rechercher les informations utiles et les organiser dans un tableau

Dans un parc de leur ville, des élèves ont réalisé la photographie ci-dessous.

Parc à Marne-la-Vallée.

Questions

1. Rappelez les différentes composantes d'un environnement.

2. Présentez dans un tableau les différentes composantes visibles sur cette photographie.

Pour répondre aux questions, je dois...

1. ... retrouver dans le bilan du chapitre, p. 20, les trois composantes de l'environnement.

2. ... tracer un tableau comportant deux lignes et autant de colonnes que de composantes de l'environnement rappelées à la question 1.

Dans la première ligne, placer le titre de chaque colonne, qui doit correspondre à une composante de l'environnement.

Dans la deuxième ligne, que l'on ne fermera pas immédiatement, lister tous les exemples de la composante étudiée qui sont présents sur la photographie.

Une fois la liste terminée, fermer cette ligne.

Pour vérifier, vous pouvez comparer vos réponses à la solution page 208.

Exercices

Je teste mes connaissances

2 Vrai ou faux ?

Repérez les affirmations exactes. Corrigez ensuite celles qui sont inexactes.

a. L'herbe est un être vivant.

b. Un nuage appartient aux composantes minérales de l'environnement.

c. Une route est un exemple d'élément fabriqué par l'Homme.

d. L'hygrométrie se mesure à l'aide d'un luxmètre.

e. Dans un même endroit, l'éclairement change au cours de la journée.

f. Dans un environnement, les êtres vivants se répartissent uniquement en fonction de la température.

3 Créez une phrase

Faites une phrase à partir des mots suivants pour retrouver une notion importante.

a. Êtres vivants ; répartis ; hasard ; environnement.

b. Mur ; immeuble ; manifestations de l'activité humaine.

c. Hygrométrie ; température ; luminosité ; caractéristiques ; milieu de vie.

4 Trouvez le mot caché

Recopiez la grille ci-dessous puis complétez-la à partir des définitions.

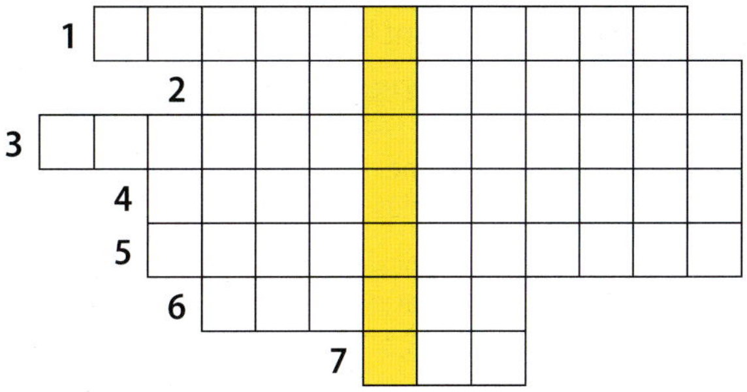

1. Indique la quantité de vapeur d'eau contenue dans l'air.
2. Indique l'ensoleillement d'un endroit.
3. Est composé d'êtres vivants, d'éléments minéraux et d'éléments fabriqués par l'Homme .
4. Elle est exprimée en degrés Celsius.
5. Distribution géographique des êtres vivants dans un environnement.
6. Se dit d'un être qui se nourrit, grandit et se reproduit.
7. Unité de mesure de la luminosité.

Définissez le mot caché.

J'utilise mes connaissances

5 Le comportement des limaces

S'informer à partir de graphiques et raisonner

Pour étudier le comportement des limaces dans un milieu, on a compté le nombre de limaces actives au cours de deux journées consécutives (graphique du haut) et on a mesuré le pourcentage d'humidité de l'air pendant le même temps.

1. **Recherchez à quel moment de la journée on peut compter le plus de limaces actives, et à quel moment on peut en compter le moins.**

2. **En comparant les deux graphiques, formulez une hypothèse pour expliquer l'activité ou l'inactivité des limaces.**

3. **À votre avis, pourquoi les jours de pluie trouve-t-on des limaces actives en plein après-midi ?**

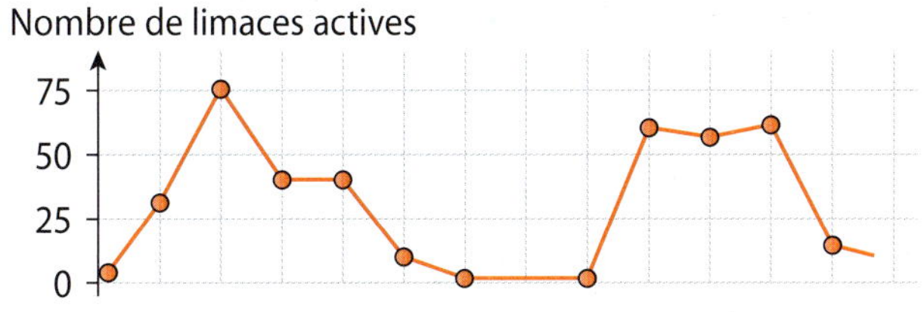

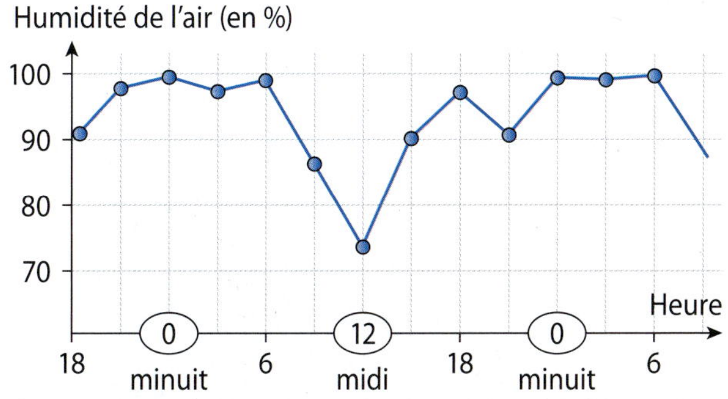

Exercices

6 La répartition de deux espèces de gentiane

Rechercher les informations utiles et raisonner

Sur les pelouses de montagne, on rencontre au printemps et au début de l'été de jolies fleurs bleues : ce sont des gentianes.

Les deux espèces ci-contre poussent dans des milieux différents ayant cependant la même orientation.

	Milieu A	Milieu B
Espèce rencontrée	Gentiane de Clusius	Gentiane de Koch
Caractéristiques du milieu	• Sol calcaire (non acide) • T = 25,3 °C • Luminosité : 59 500 lux	• Sol siliceux (très acide) • T = 25,1 °C • Luminosité : 59 000 lux

Gentiane de Clusius

Gentiane de Koch

1. **Comparez les caractéristiques des milieux mesurées en A et B.**
2. **Reliez la répartition de ces deux espèces aux caractéristiques de ces deux milieux.**

7 La répartition des algues sur l'estran

Rechercher les informations utiles et raisonner

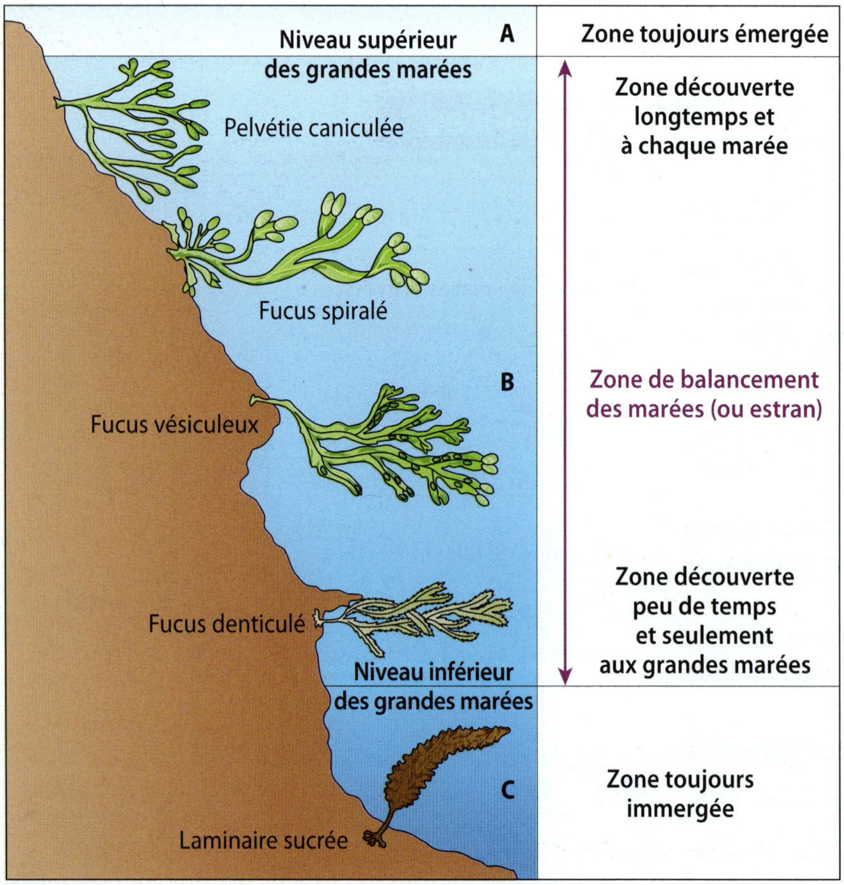

Sur la côte atlantique, dans la zone de balancement des marées (ou estran), les rochers sont la plupart du temps recouverts d'algues mais celles-ci ne sont pas réparties au hasard.

Information

Découvertes à marée basse, les algues se dessèchent et supportent plus ou moins bien cette perte d'eau. Une pelvétie peut perdre près de 70 % de sa masse sans mourir alors qu'une laminaire ne survit pas à une perte de 30 %.

1. **La pelvétie est-elle souvent découverte ? Cherchez la raison de sa survie lorsqu'elle est découverte longtemps.**
2. **Expliquez pourquoi la laminaire ne peut vivre que dans la zone C.**
3. **Quelle caractéristique du milieu est ici responsable de la répartition des êtres vivants ?**

Chapitre 2

Le peuplement du milieu au cours des saisons

Un rouge-gorge en hiver.

En France métropolitaine, les différences climatiques entre l'été et l'hiver sont nettes ; aussi, l'environnement du collège prend des aspects différents au rythme des saisons.

Comment le peuplement végétal et animal change-t-il au cours des saisons ?

ACTIVITÉ 1

Des plantes qui changent de forme au cours des saisons

De nombreuses plantes sont présentes dans le milieu toute l'année. Certaines, comme les arbres, restent visibles en hiver alors que d'autres, comme la jonquille, semblent disparaître.

Quels aspects ces plantes vivaces prennent-elles au cours des saisons ?

A Un arbre à feuilles caduques, le marronnier

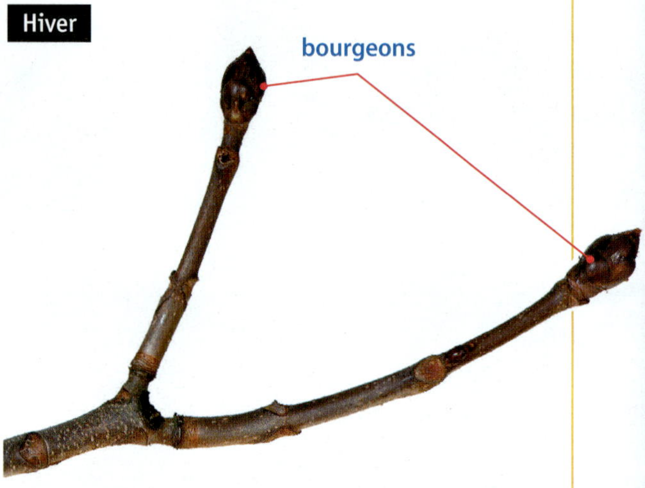

DOC 1 Un rameau de marronnier à deux saisons différentes.

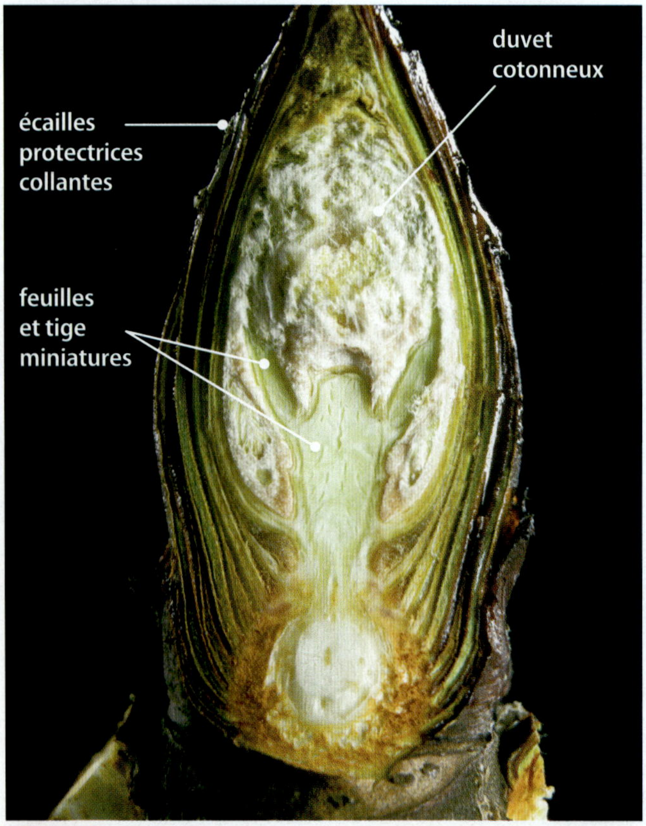

DOC 2 La coupe longitudinale du bourgeon montre les organes qui peuvent résister aux rigueurs de l'hiver.

Je manipule

- → Repérez le bourgeon présent à l'extrémité d'une branche de marronnier.
- → Coupez délicatement ce bourgeon dans le sens de la longueur à l'aide d'un scalpel.
- → Observez l'intérieur du bourgeon à la loupe.
- → Identifiez les différentes parties du bourgeon en vous aidant du document 2.

DOC 3 L'éclosion du bourgeon a lieu au début du printemps lorsque la sève circule à nouveau dans le marronnier.

B Une plante à bulbe, la jonquille

À la base de la plante fleurie, existe un **bulbe** charnu.
Ce bulbe est la seule partie de la plante qui survit en hiver, bien protégée à l'intérieur du sol.

DOC 4 Des jonquilles en fleurs dans une prairie, en Auvergne, au printemps.

DOC 5 Une coupe longitudinale du bulbe de jonquille.

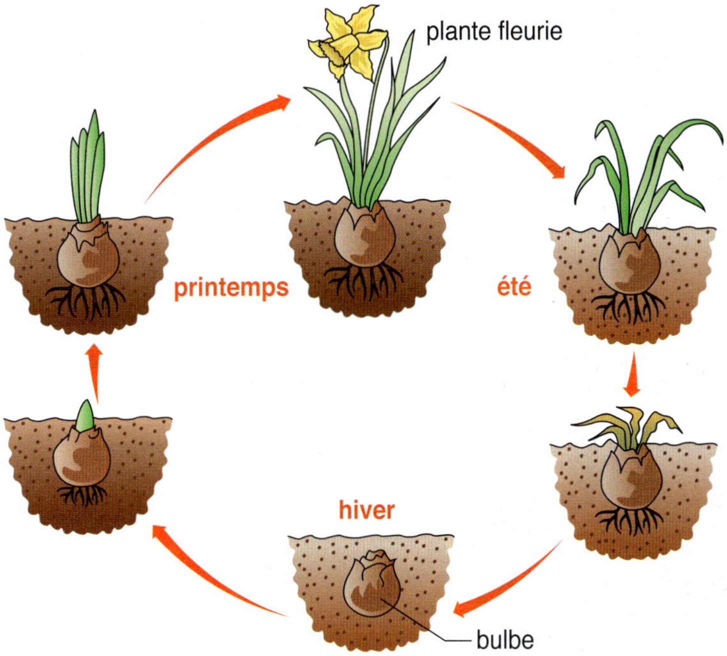

DOC 6 Le cycle de développement de la jonquille au cours des saisons.

Vocabulaire

- **Plante vivace :** plante qui vit plusieurs années.
- **Bourgeon :** petit organe renflé qui contient un rameau feuillé miniature.
- **Bulbe :** organe souterrain formé d'un ou plusieurs bourgeons entourés de feuilles charnues remplies de réserves.

Pistes de travail

1 Doc. 1 : Comparez l'aspect d'un rameau de marronnier au printemps et en hiver.

2 Doc. 2 et 3 : Comment le rameau de marronnier qui se forme au printemps passe-t-il l'hiver ?

2 Doc. 4 à 6 : Sous quelle forme la jonquille passe-t-elle l'hiver ? Pourquoi dit-on que c'est une plante vivace ?

Bilan : expliquez comment les plantes vivaces peuvent survivre plusieurs années.

ACTIVITÉ 3 Des animaux qui changent de forme au cours des saisons

Comme les végétaux, certains animaux prennent des aspects différents selon les saisons : c'est le cas par exemple de nombreux insectes.

Sous quelles formes ces animaux se présentent-ils au cours des saisons ?

A La piéride du chou au cours des saisons

a Une piéride du chou et sa ponte.
Au printemps et en été, les femelles déposent quelques dizaines d'œufs sous les feuilles de chou avant de mourir.

b L'éclosion des œufs.
5 à 8 jours après la ponte, de petites chenilles sortent des œufs.

c Une chenille de piéride du chou.
Cette **larve** dévore les feuilles de la plante.

d Une chrysalide ou nymphe de piéride.
Amarrée sur son support par des fils de soie, elle passe ainsi l'hiver immobile et sans se nourrir.

e La naissance du papillon.
Au printemps, un papillon adulte sort de la **nymphe** (ou chrysalide), il est immédiatement capable de se reproduire.

DOC 1 Le cycle de vie de la piéride du chou montre les alternances de forme de l'insecte.

B L'éphémère, ou mouche de mai, au cours des saisons

Éphémère adulte

Larve d'éphémère

Métamorphose de la larve en adulte

	Larve	Adulte
Milieu de vie	Le fond des ruisseaux et des rivières, sur la vase ou le sable	Air
Nutrition	Algues, débris végétaux	Ne se nourrit pas
Durée de vie	1 an ou davantage	Quelques heures à quelques jours
Période durant laquelle l'animal est présent dans le milieu	Toute l'année	Entre mai et septembre

DOC 2 L'éphémère change de forme et de milieu de vie au cours de son développement.

Vocabulaire

- **Larve :** jeune individu issu de l'œuf et différent de l'adulte par son aspect et son mode de vie.
- **Nymphe :** stade intermédiaire entre la larve et l'adulte.
- **Métamorphose :** ensemble des transformations qui permettent le passage de la larve à l'adulte.

Pistes de travail

1 **Doc. 1 :** Nommez dans l'ordre chronologique les différentes formes de vie de la piéride du chou et indiquez celle qui permet à l'insecte de passer l'hiver.

2 **Doc. 2 :** Même question pour l'éphémère.

Bilan : indiquez dans un tableau sous quelles formes se présentent ces insectes au cours des saisons.

ACTIVITÉ 4 Des animaux qui changent de comportement au cours des saisons

De nombreux animaux gardent le même aspect tout au long de l'année et pourtant ils ne sont pas toujours visibles dans le milieu car ils modifient leur comportement.

Quels sont les changements de comportement de ces animaux au cours des saisons ?

A Un hibernant, la marmotte des Alpes

Marmotte garnissant son terrier d'herbes avant l'hibernation.

J	F	M	A	M	J	J	A	S	O	N	D
			Reproduction								
				Gestation							
					Naissances						
						Allaitement					
Hibernation									Hibernation		

DOC 1 La vie de la marmotte suit le rythme des saisons.

- À la belle saison, la marmotte est très active, elle passe la plus grande partie de son temps à se nourrir des plantes des alpages (graminées, trèfle…).

Ainsi, en six mois, elle accumule une grande quantité de graisse et son poids passe de 3,5 kg à 6 ou 7 kg à l'entrée en **hibernation**.

- Dès les premières gelées de l'automne, la marmotte s'installe dans son terrier d'hiver et entre en hibernation. Elle s'endort et vit au ralenti. Ce long sommeil est entrecoupé de réveils pour uriner.

Durant toute cette période, la marmotte ne s'alimente pas ; à son réveil au printemps, elle a perdu la moitié de son poids.

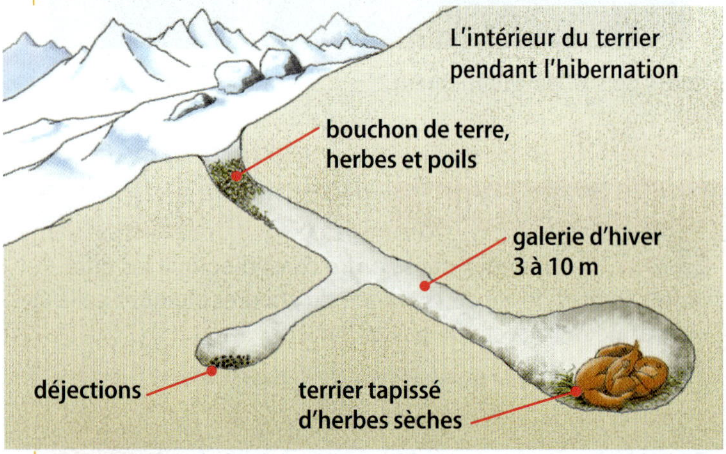

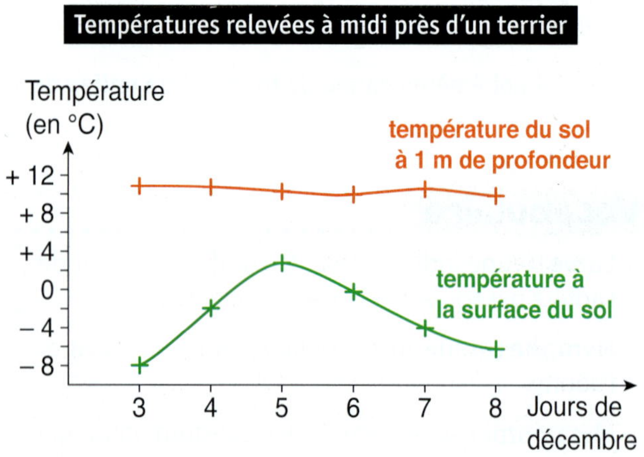

DOC 2 Les conditions de vie à l'intérieur du terrier durant l'hiver.

B Un migrateur, la cigogne blanche

Les cigognes blanches font leur nid en Europe en mars-avril ; chaque couple donne naissance à deux ou trois cigogneaux.
Elles se nourrissent principalement de petits rongeurs, de poissons et d'insectes.
Elles sont absentes d'Europe pendant la mauvaise saison.

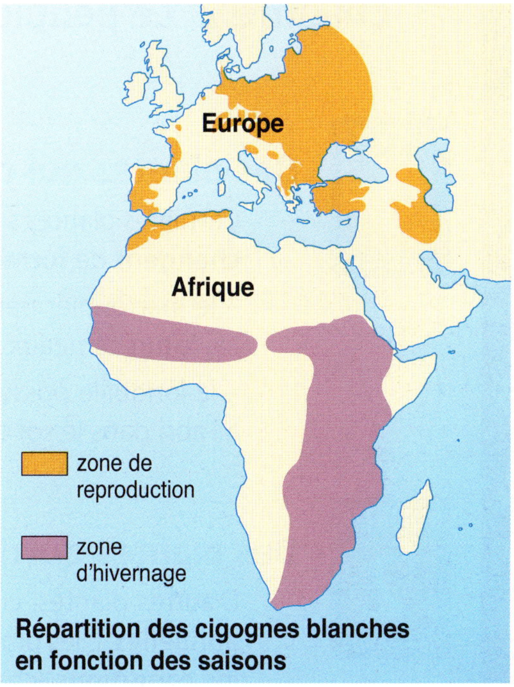

Répartition des cigognes blanches en fonction des saisons

DOC 3 Au cours de l'année, les cigognes blanches occupent deux milieux différents.

Comptage des cigognes blanches lors de leur passage dans la vallée du Rhône

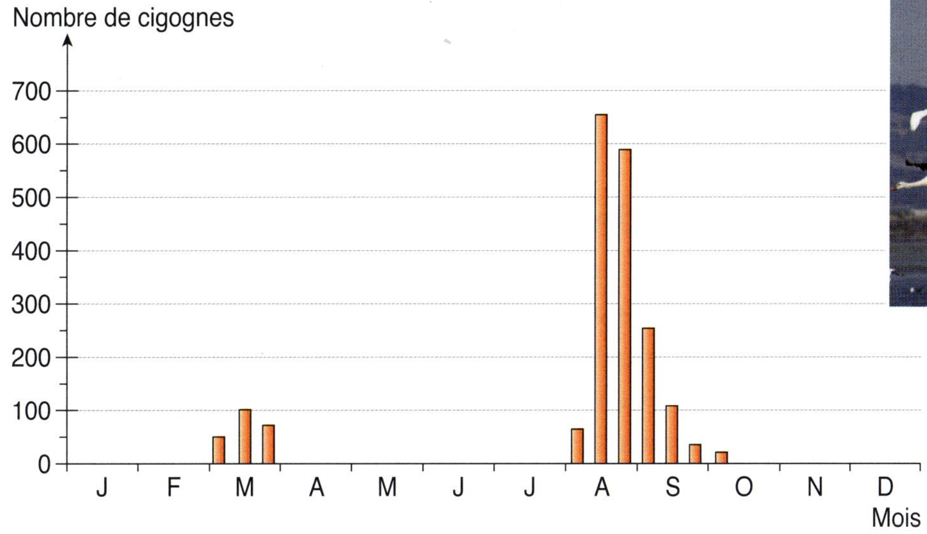

- Vol migratoire en groupe durant la journée.
- Vitesse : 55 km / heure.
- Distance parcourue chaque jour : 200 à 400 km si les conditions météorologiques sont bonnes.

DOC 4 Les cigognes blanches effectuent chaque année deux grandes migrations de près de 6 000 km.

Vocabulaire

- **Hibernation :** état de vie ralentie d'un mammifère pendant l'hiver.
- **Migrateur :** se dit d'un animal qui passe l'été et l'hiver dans deux régions très éloignées l'une de l'autre.

Pistes de travail

1 Doc. 1 et 2 : Décrivez le changement de comportement de la marmotte au cours de l'année. Comment survit-elle en hiver ?

2 Doc. 3 : Quels milieux occupent les cigognes au cours de l'année et quel est leur comportement ?

3 Doc. 4 : Quand et comment s'effectuent les migrations des cigognes ?

Bilan : dites comment certains animaux modifient leur comportement au cours des saisons.

Le bilan des activités

Chapitre 2 Le peuplement du milieu au cours des saisons

ACTIVITÉ 1
pp. 28-29

Des plantes qui changent de forme au cours des saisons

Certaines plantes survivent plusieurs années : ce sont des **plantes vivaces**. Ces plantes **changent de forme** au cours des saisons par exemple :

– le marronnier perd ses feuilles mais conserve en hiver des **bourgeons** qui abritent les futurs rameaux ;

– la jonquille possède un **organe souterrain** (bulbe) qui passe une partie de l'année à l'abri dans le sol et reforme une nouvelle plante au printemps.

ACTIVITÉ 2
pp. 30-31

Des plantes qui disparaissent et renaissent au cours des saisons

D'autres plantes, comme le coquelicot, meurent chaque année : ce sont des **plantes annuelles**. Elles produisent et libèrent des **graines** qui passent l'hiver dans le sol. Quand les **conditions** (chaleur, humidité) **deviennent favorables**, ces graines **germent** et donnent naissance à de nouvelles plantes.

ACTIVITÉ 3
pp. 32-33

Des animaux qui changent de forme au cours des saisons

De nombreux insectes passent l'hiver sous forme de **larve** (l'éphémère par exemple) ou de **nymphe** (la piéride par exemple) et **se métamorphosent** en adulte au printemps suivant.

ACTIVITÉ 4
pp. 34-35

Des animaux qui changent de comportement au cours des saisons

Certains animaux, comme la marmotte, restent dans leur milieu de vie mais s'endorment dans un abri et vivent au ralenti pendant l'hiver : ce sont des **hibernants**.

D'autres, comme la cigogne, quittent leur milieu de vie et trouvent dans d'autres pays des conditions de vie plus favorables : ce sont des **migrateurs**.

LE SOCLE COMMUN DE CONNAISSANCES ET DE COMPÉTENCES ... LE SOCLE COMMU

Je dois savoir

- L'occupation du milieu par les êtres vivants varie au cours des saisons.
- Certains végétaux changent de forme : les plantes vivaces conservent en hiver certains organes (bourgeons, organes souterrains…) alors que les plantes annuelles meurent en laissant des graines qui passent l'hiver.
- Certains animaux changent également de forme, les insectes, par exemple, peuvent passer l'hiver sous forme de larves ou de nymphes.
- D'autres animaux changent de comportement (hibernants, migrateurs).

Le schéma-bilan

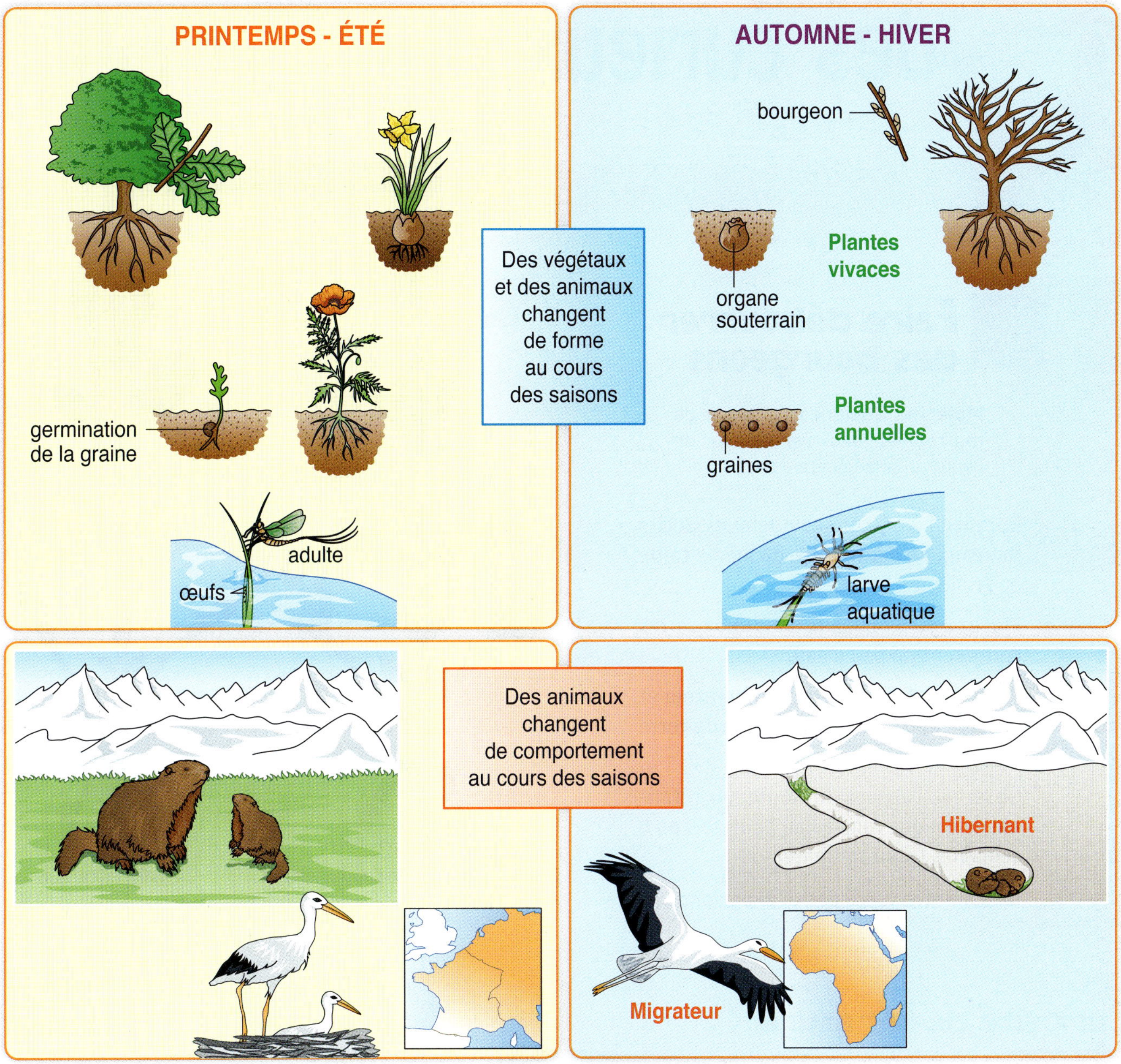

E CONNAISSANCES ET DE COMPÉTENCES ... LE SOCLE COMMUN DE CONNAISSANCES ET DE COMPÉTENCES ...

Je sais définir

- Plante vivace
- Plante annuelle
- Bourgeon
- Bulbe
- Graine
- Larve
- Hibernant
- Migrateur

Je suis capable de

- Observer pour reconnaître les formes prises par une plante vivace et une plante annuelle au cours des saisons (activités 1 et 2).
- Reconnaître une alternance de forme chez un animal et un changement de comportement en relation avec les saisons (activités 3 et 4).
- Formuler des hypothèses pour tester les conditions de germination des graines (activité 2).
- Concevoir un protocole et réaliser des expériences afin de valider ou non ces hypothèses (activité 2).

Le coin des curieux

Je réalise

Faire débourrer des bourgeons

Matériel : quelques rameaux de marronnier ; deux verres avec de l'eau ; un réfrigérateur.

- ✓ Durant l'hiver, coupez quelques petits rameaux de marronnier de même taille et de même aspect.
- ✓ Placez 2 ou 3 rameaux dans deux verres contenant un peu d'eau.
- ✓ Mettez un des verres au réfrigérateur et laissez l'autre à la température de votre appartement.
- ✓ Observez l'aspect du bourgeon terminal de chaque rameau au bout de 5 ou 6 semaines (photographie).

Que montre votre petite expérience ?

Bourgeon de marronnier

bourgeon débourré

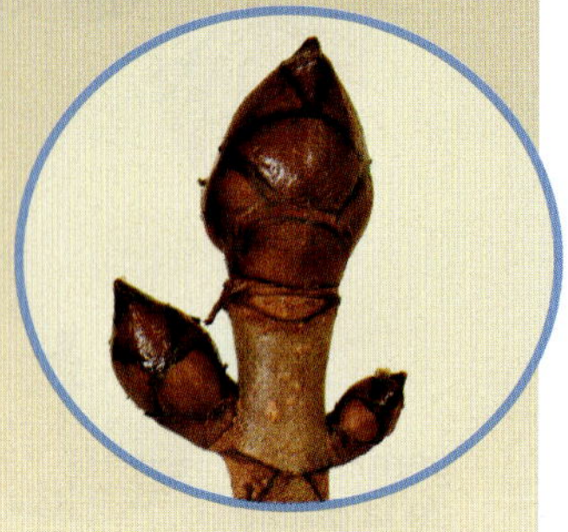

bourgeon fermé

à la température de l'appartement — au réfrigérateur

Curiosité de la nature

Je change de poil

Été

Hiver

■ Le lièvre variable, ou « blanchon », est un lièvre qui vit dans les milieux alpins.

En quoi ce lièvre peut-il tirer avantage du changement de couleur de sa fourrure ?

Informatique-Internet

Un site pour tout savoir sur la migration des cigognes

Le site Internet du Muséum d'histoire naturelle de Fribourg vous permet de suivre à la trace les différents voyages de Max, une cigogne née en Suisse.

Des photographies et des vidéos (adresse ci-dessus) vous aident à comprendre comment les scientifiques suivent la migration des cigognes. Des cartes vous montrent leurs déplacements et un calculateur vous permet de déterminer les distances parcourues.

Il est possible de recevoir régulièrement par e-mail des bulletins d'informations.

www Vous trouverez un lien direct et contrôlé vers le Muséum d'histoire naturelle de Fribourg sur le site : **www.bordas-svtcollege.fr/Liens6e**

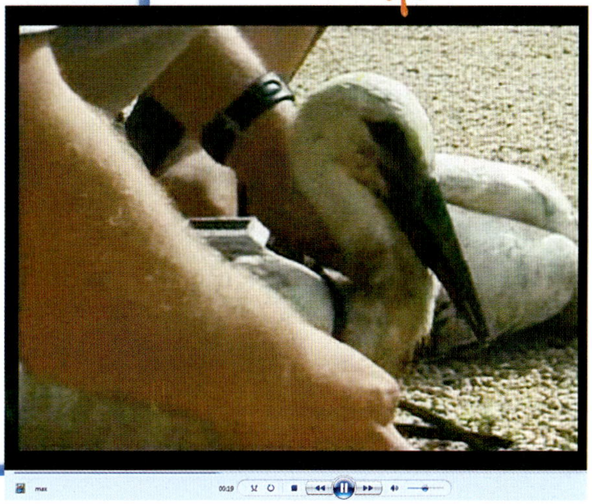

Les métiers du paysage

Les activités des entreprises du paysage sont variées : elles vont de la création de jardins à l'entretien d'espaces verts, publics ou privés. Ces activités suivent l'évolution de la végétation au fil des saisons.
Les entreprises font appel à différents métiers, qui vont de l'architecte au jardinier paysagiste.

Questions à :
Edgard Deshors, jardinier paysagiste

Que fait un jardinier paysagiste ?
Le plus gros du travail consiste à entretenir les jardins : tondre, tailler, débroussailler, désherber. Il faut aussi replanter des bulbes ou semer des graines selon les saisons, appliquer des engrais et des produits phytosanitaires (désherbants, etc.) et s'occuper de l'irrigation.

Quelles sont les qualités pour faire votre métier ?
Il faut bien connaître les rythmes de la nature pour savoir quand tailler ou replanter par exemple. Il faut être organisé et courageux car c'est un travail parfois difficile. Enfin, il est important d'avoir un certain goût esthétique.

Exercices

J'apprends à faire un exercice

1 Le comportement de la sarcelle d'hiver au fil des saisons

Lire et interpréter un graphe, une carte

La sarcelle d'hiver est un petit canard sauvage qui aime les zones humides comme les étangs, les plans d'eau, les estuaires, les marais…

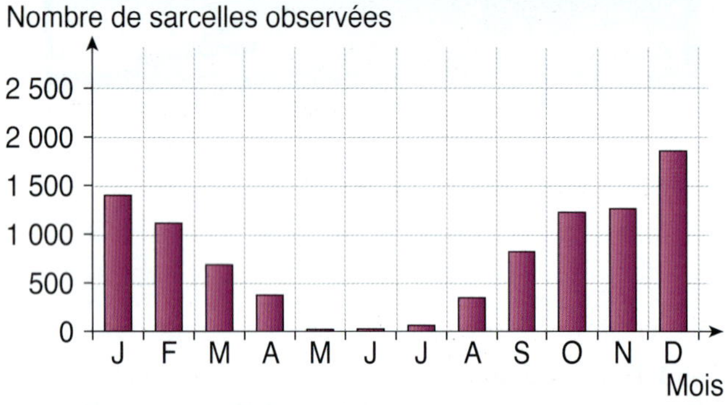

Présence des sarcelles d'hiver en baie de Somme.

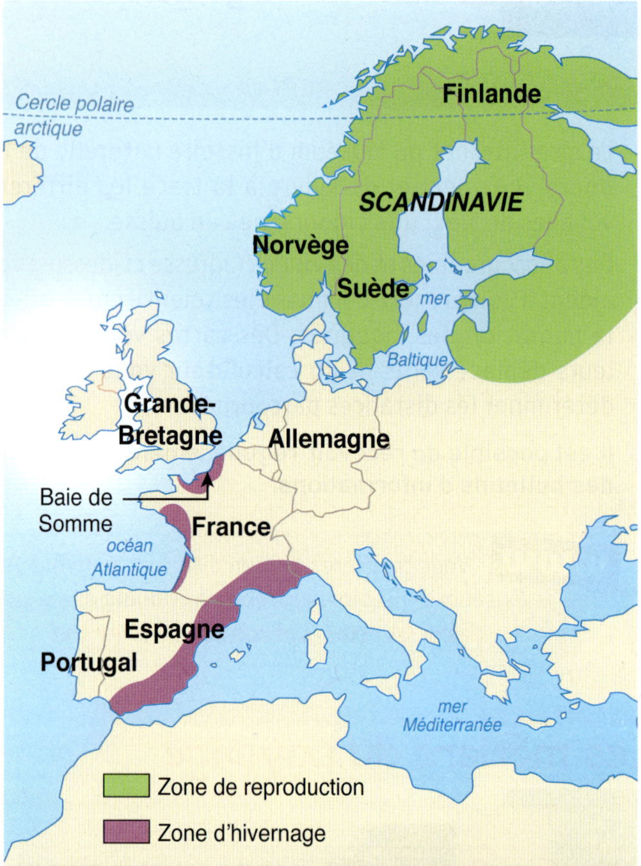

Zones de répartition des sarcelles d'hiver.

Questions

1. Combien de sarcelles d'hiver sont présentes en baie de Somme en janvier ? En juin ? En octobre ?

2. À quelle période de l'année les sarcelles sont-elles absentes en baie de Somme ? À l'aide de la carte, indiquez où elles se trouvent alors.

3. Décrivez le comportement des sarcelles d'hiver au cours des saisons.

Pour répondre aux questions, je dois…

1. … repérer sur l'axe horizontal du graphique les mois de janvier, juin et octobre, puis, pour chacun d'eux, lire sur l'axe vertical le nombre de sarcelles d'hiver présentes.

2. … repérer sur le graphique en quelle saison les sarcelles sont absentes en baie de Somme.

… voir sur la carte qu'il existe deux zones de répartition et comprendre à quel moment les sarcelles s'y trouvent.

3. … indiquer où la sarcelle passe l'hiver, où elle se reproduit et à quels moments de l'année, approximativement, elle se déplace entre ces deux zones.

Pour vérifier, vous pouvez comparer vos réponses à la solution page 208.

Je teste mes connaissances

2 Vrai ou faux ?

Repérez les affirmations exactes. Corrigez ensuite celles qui sont inexactes.

a. Le peuplement d'un milieu par les êtres vivants reste le même toute l'année.

b. Le bourgeon de marronnier abrite une jeune pousse.

c. Le coquelicot est une plante vivace.

d. Le bulbe de jonquille abrite un bourgeon.

e. La piéride du chou passe l'hiver sous forme de larve.

f. L'Europe est la zone d'hivernage de la cigogne.

3 Créez une phrase

Faites une phrase à partir des mots suivants pour retrouver une notion importante.

a. Occupation ; milieu ; êtres vivants ; saisons.

b. Plante vivace ; bourgeon ; bulbe ; hiver.

c. Plante annuelle ; graine ; hiver.

d. Animaux ; comportement ; saisons ; hibernant ; migrateur.

e. Animaux ; formes ; saisons.

4 Trouvez le mot caché

Recopiez la grille ci-dessous puis complétez-la à partir des définitions.

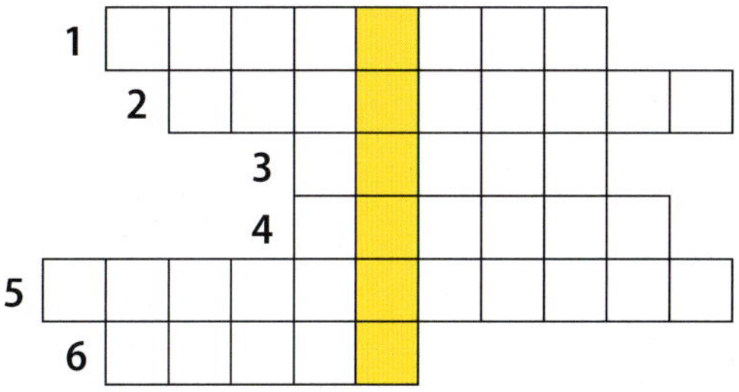

1. Contient un rameau feuillé miniature.

2. Déplacement d'un animal entre deux milieux de vie.

3. Forme résultant de l'éclosion de l'œuf chez les insectes.

4. Se dit d'une plante qui vit plusieurs années.

5. Vie ralentie d'un animal pendant l'hiver.

6. Celui de la jonquille passe l'hiver dans le sol.

Le mot caché est un élément produit par une plante. Expliquez l'importance de cet élément dans le peuplement du milieu au cours des saisons.

J'utilise mes connaissances

5 La vie de la libellule au cours des saisons

S'informer et organiser des informations

Libellule adulte

Larve de libellule

Les libellules adultes apparaissent au printemps près des points d'eau. Les mâles s'accouplent ensuite avec les femelles qui pondent leurs œufs sur les tiges immergées des plantes.

Ces œufs sont à l'origine de larves aquatiques qui passent l'hiver au fond des mares. Les adultes meurent à l'automne mais les larves permettent à l'espèce de se perpétuer d'une année à l'autre.

1. **À l'aide du texte, représentez le cycle de vie de la libellule en reliant par des flèches des mots ou expressions encadrés.**

2. **Pourquoi peut-on dire que la libellule change de forme et de milieu de vie ?**

Exercices

6 Le muguet au cours des saisons

Raisonner à partir de ce croquis

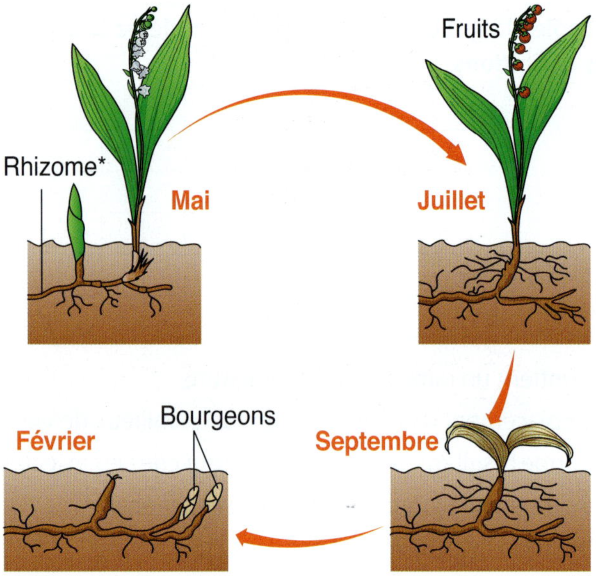

* Rhizome : tige souterraine horizontale

1. **Expliquez sous quelles formes se présente le muguet au cours des saisons.**

2. **S'agit-il d'une plante annuelle ou d'une plante vivace ? Justifiez votre réponse.**

7 Les plantes d'une jachère fleurie

Effectuer une recherche sur Internet

B2i

Une jachère fleurie est un champ non cultivé dans lequel l'agriculteur installe des fleurs pour favoriser les insectes utiles et la biodiversité.

1. **Recherchez sur Internet ou dans un dictionnaire si les plantes repérées sur la photographie sont des plantes annuelles ou des plantes vivaces.**

2. **Que deviennent ces plantes à la mauvaise saison ? Sous quelle forme passent-elles l'hiver ?**

8 Le comportement de deux animaux

Présenter des informations dans un tableau et raisonner

Le hérisson est un animal très actif à la belle saison : il consomme des insectes, des vers, des escargots, des fruits… En automne, il se nourrit abondamment et accumule des réserves de graisse pour l'hiver. Dès les premiers froids, il se retire dans un nid de feuilles mortes, se roule en boule et s'endort d'un profond sommeil. Au printemps, il se réveille et reprend sa vie active.

Hérisson d'Europe

Été comme hiver, le lièvre recherche sa nourriture composée de plantes cultivées (blé, colza…), d'herbes, de trèfles, de racines… L'hiver, en cas de disette, il se nourrit de l'écorce des jeunes arbres.

Son pelage brun-roux en été devient gris-beige en hiver, ce qui lui permet de se camoufler plus facilement pour échapper aux prédateurs.

Lièvre commun

1. **Indiquez dans un tableau le comportement de ces deux animaux au cours des saisons.**

2. **Dites à quelle catégorie appartient chacun : migrateur, hibernant, actif toute l'année, animal changeant de forme.**

9 Le bourgeon

Rendre compte d'une observation par un dessin

Coupe en longueur d'un bourgeon de marronnier.

1. **Réalisez un dessin de la photographie ci-contre.**

2. **Légendez le dessin de la façon suivante :**
– en noir les éléments qui assurent une protection contre les conditions hivernales ;
– en vert les éléments de la future plante.

3. **Indiquez le titre de votre dessin.**

COUP DE POUCE

Utilisez la fiche méthode → page 204 :
« Réaliser un dessin d'observation ».

10 La perce-neige au cours des saisons

S'informer à partir d'un texte.
Organiser les informations dans un tableau

La perce-neige, *Galanthus nivalis,* est une plante herbacée à bulbe. On ne peut l'observer que dans certaines zones montagneuses du Centre et des Alpes, ce qui en fait une des 450 espèces végétales protégées en France.
Elle se reconnaît très bien à ses fleurs blanches en clochette et à sa douce odeur de miel.

La perce-neige a une particularité : elle aime le froid ! Elle ne fleurit que de janvier à mars. Mais, elle a la capacité de percer une faible couche de neige (photographie ci-contre) afin de permettre à ses tiges et à ses fleurs de croître, d'où son nom de « perce-neige ». À la fin du printemps, les feuilles se fanent, laissant le bulbe dans le sol.

Une perce-neige en hiver.

1. **Indiquez quelle est la particularité de cette plante.**

2. **Recopiez le tableau ci-dessous. Indiquez, pour chaque saison, la forme de la perce-neige.**

Saison	Printemps	Eté	Automne	Hiver
Forme				

3. **La perce-neige est-elle une plante annuelle ou vivace ? Justifiez votre réponse.**

Exercices

11 La migration des baleines bleues

S'informer et organiser des informations

a Baleine bleue et son baleineau.

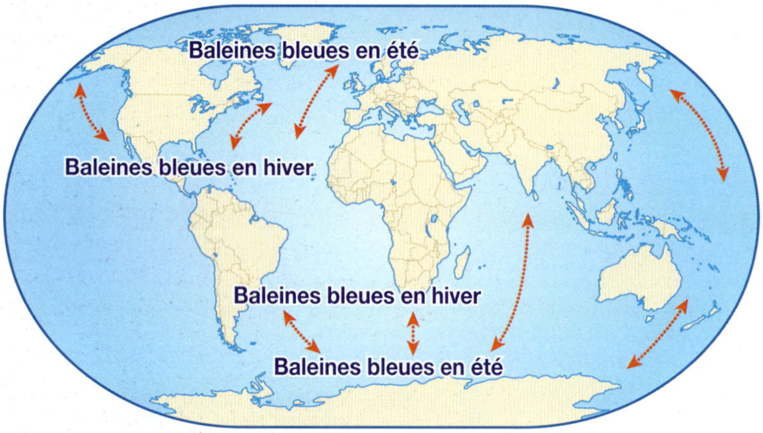

b Carte des zones de migration de la baleine bleue dans les différents océans.

- La baleine bleue *(Balaenoptera musculus)*, appelée aussi rorqual bleu est un mammifère marin appartenant au groupe des cétacés. Pouvant dépasser 30 mètres de longueur et 170 tonnes, c'est le plus gros animal vivant à notre époque.
- Les cétacés à fanons effectuent de très longues migrations, certains pouvant parcourir près de 10 000 km en une année ! Ils parcourent surtout des trajets nord-sud (flèches rouges) passant de la zone d'eaux froides où ils se nourrissent en été, à la zone tempérée où ils vont se reproduire en hiver.

- La baleine bleue se nourrit essentiellement de krill (photographie ci-contre), crevettes de petite taille (jusqu'à 6 cm) vivant dans les eaux froides. Voilà pourquoi on peut l'observer dans l'océan Arctique et autour de l'Antarctique en été : elle peut manger jusqu'à 4 tonnes de krill par jour et constituer ainsi des réserves de graisse.

En hiver, la baleine bleue va rechercher des eaux plus chaudes, favorables à la reproduction. Elle va donc migrer vers le sud. Ces zones étant pauvres en krill, elle se nourrira très peu durant l'hiver mais pourra compter sur ses réserves de graisse.

c Krill nageant dans l'Arctique.

1. **Indiquez le comportement de la baleine bleue au cours d'une année.**

2. **Expliquez la raison pour laquelle la baleine bleue est obligée de faire des réserves.**

La colonisation d'un milieu par les végétaux

Chapitre 3

Des fougères s'installent sur une coulée de lave.

De nombreux milieux sont au départ dépourvus de végétaux : une terre fraîchement retournée, un mur de pierres, une coulée de lave... Progressivement, des végétaux s'y installent et l'envahissent : ils colonisent ce nouveau milieu de vie.

Comment s'effectue la colonisation d'un milieu par les végétaux ?

ACTIVITÉ 1

L'installation des plantes à graines dans un nouveau milieu

Étant fixées sur leur support, les plantes à graines ne peuvent se déplacer. Cela ne les empêche pas de conquérir de nouveaux milieux de vie.

Comment les plantes à graines s'installent-elles dans un nouveau milieu ?

A Une dispersion assurée par le vent

Chaque fleur de pissenlit produit plus d'une centaine de **fruits** munis d'une aigrette. Chaque fruit contient une **graine**.

DOC 1 La **dispersion** des graines du pissenlit : au moindre souffle de vent, les fruits secs se détachent et sont emportés au loin comme des parachutes.

Les fruits de l'érable sycomore

Germination de la graine d'érable sycomore

DOC 2 La dispersion des graines de l'érable sycomore : les larges hélices des fruits jouent le rôle des pales d'un hélicoptère.

B Une dispersion assurée par les animaux

- **Un maniaque de la réserve**
En automne, l'écureuil roux fait de nombreuses réserves pour l'hiver, il enterre à différents endroits noisettes, glands, châtaignes…

- **Un éternel étourdi**
Son problème, c'est qu'il ne se souvient que rarement de ses cachettes et qu'il oublie la plupart du temps ses garde-manger : une aubaine pour le noisetier, le chêne ou le châtaignier qui voient leurs graines dispersées et prêtes à germer au prochain printemps.

DOC 3 L'étourderie a parfois du bon !

DOC 4 Les fruits du sorbier des oiseleurs, d'une belle couleur orange, attirent de nombreux oiseaux (ici, une grive litorne). Les graines ne sont pas digérées, elles sont rejetées avec les fientes de l'oiseau, parfois à des dizaines de kilomètres.

Les fruits de la petite bardane

DOC 5 Les fruits de la petite bardane font de « l'animal-stop », ici sur un cheval de Camargue.

Vocabulaire

- **Dispersion (ou dissémination) :** déplacement, éparpillement des semences (fruits, graines…).
- **Fruit :** organe de la plante à fleurs contenant une ou plusieurs graines.
- **Graine :** élément de dispersion des plantes à fleurs. Après germination, chaque graine peut donner une nouvelle plante.

Pistes de travail

1 Doc. 1 et 2 : Quelles sont les particularités des fruits du pissenlit et de l'érable qui permettent leur dispersion par le vent ?

2 Doc. 3 à 5 : Précisez, pour chaque fruit, son mode de dispersion et la caractéristique qui favorise cette dispersion.

Bilan : expliquez comment les plantes à fleurs peuvent s'installer dans de nouveaux milieux.

ACTIVITÉ 2

L'installation des fougères dans un nouveau milieu

Les fougères, comme les mousses, ne fleurissent jamais : elles ne produisent donc pas de graines. Elles peuvent cependant coloniser de nouveaux milieux.

Comment les fougères s'installent-elles dans un nouveau milieu ?

A L'exemple d'une fougère : le polypode vulgaire

Le polypode est une fougère qui colonise les vieux murs, les rochers, les talus… Sa partie aérienne est constituée de feuilles vertes découpées en lobes.

DOC 1 La face inférieure de la feuille lobée du polypode : en automne et en hiver on observe des petites boules jaune-orangé, les **sporanges**, regroupés en amas.

Je manipule

- Placez une goutte d'eau au centre d'une lame.
- À l'aide d'une pointe fine, faites tomber quelques sporanges dans la goutte d'eau.
- Recouvrez d'une lamelle.
- Observez au microscope, d'abord au faible
- grossissement.
- Explorez la préparation et placez au centre du champ un sporange comparable à celui de la photographie ci-contre.
- Passez au grossissement supérieur et identifiez les différentes parties du sporange.

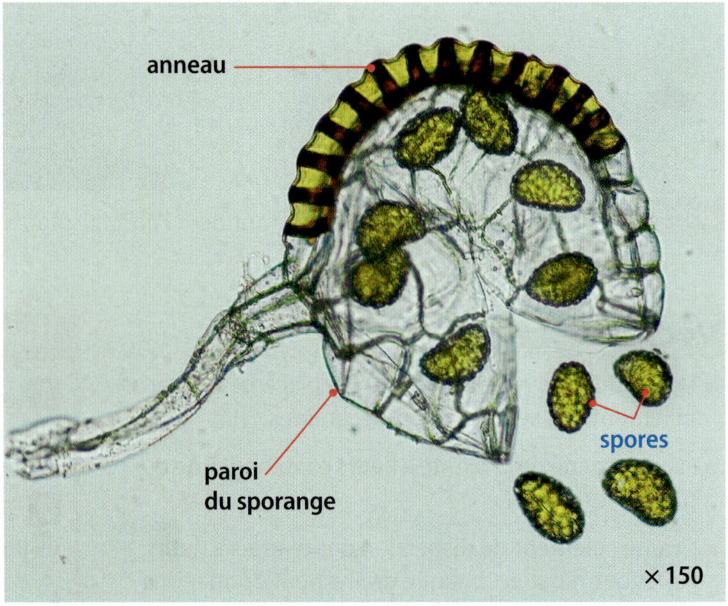

DOC 2 L'observation d'un sporange au microscope.

B La dispersion et la germination des spores

À vous de calculer !

Combien de spores par feuille de polypode ?

- 30 lobes environ par feuille.
- 20 amas en moyenne par lobe.
- 60 à 80 sporanges par amas.
- 64 spores dans chaque sporange.

DOC 3 Des millions de spores microscopiques transportées par le vent : par temps sec, la paroi des sporanges se déchire et libère les spores.

Germination de la spore donnant une lame verte.

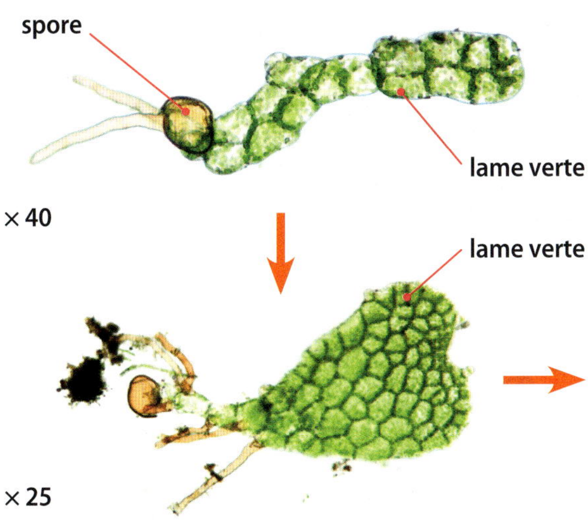

Développement d'un nouveau pied de polypode sur la lame verte.

DOC 4 De la spore à la nouvelle fougère : lorsque les conditions sont favorables (température douce, bonne humidité) les spores germent sur le sol.

Vocabulaire

- **Spore :** élément de dispersion des fougères et des mousses.
- **Sporange :** organe qui produit les spores chez les fougères.

Pistes de travail

1 Doc. 1 et 2 : Réalisez une observation microscopique de sporanges puis faites un dessin légendé d'un sporange.

2 Doc. 2 à 4 : Quelles sont les semences des fougères et quelles sont leurs particularités ?

3 Doc. 4 : Que deviennent les spores après leur dispersion ?

Bilan : expliquez comment les fougères peuvent s'installer dans un nouveau milieu.

ACTIVITÉ 3

Envahir un milieu sans utiliser les graines ou les spores

De nombreux végétaux peuvent envahir un milieu sans utiliser les graines ou les spores mais d'autres parties du végétal : il s'agit alors d'une reproduction végétative.

Comment les végétaux peuvent-ils envahir un milieu par reproduction végétative ?

A Des organes qui interviennent dans la reproduction végétative

Un tapis de violettes odorantes.

DOC 1 La violette odorante se multiplie rapidement en été : elle produit des **stolons** qui s'allongent par leur bourgeon terminal ; ils courent ainsi à la surface du sol, s'enracinent et donnent de nouveaux pieds.

Champ de betteraves envahi par du chiendent.

DOC 2 Le chiendent rampant est une mauvaise herbe très envahissante : son **rhizome** peut s'allonger de 2,5 cm par jour et former un vaste réseau sur lequel se développent de nouvelles pousses.

B Un envahissement très rapide d'un milieu

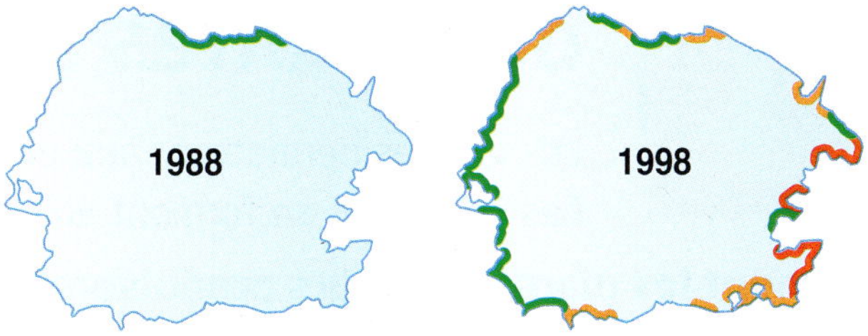

Évolution de l'abondance de la jussie à grandes fleurs sur le lac de Léon (Landes) entre 1988 et 1998. Depuis cette date, on note une certaine stabilité par suite de l'arrachage par l'Homme.

DOC 3 La jussie est une plante aquatique envahissante : elle envahit rapidement un plan d'eau grâce à un rhizome qui se développe horizontalement dans la vase et les zones boueuses. Dans une rivière, de simples **boutures** emportées par le courant peuvent former un nouveau massif de jussie en aval.

Je manipule

Quelle que soit la plante choisie (misère, géranium…) :

- Prélevez un morceau de tige comportant au moins deux feuilles.
- Placez cette bouture dans un flacon rempli d'eau.
- Observez et notez régulièrement
- l'évolution de la bouture (taille, nombre de feuilles, racines…).

Mise en place d'une bouture de misère.

La même bouture quelques semaines plus tard.

DOC 4 Un exemple de bouturage à réaliser en classe.

Vocabulaire

- **Stolon :** tige aérienne rampante.
- **Rhizome :** tige souterraine horizontale.
- **Bouture :** fragment d'une plante capable de reformer une plante entière.

Pistes de travail

1 **Doc. 1 :** Dessinez le pied de violette situé à droite sur la photographie, puis complétez ce dessin pour expliquer ce que sera devenue la plante quelques semaines plus tard.

2 **Doc. 2 :** Comment le chiendent peut-il envahir un milieu ?

3 **Doc. 3 et 4 :** Comment la jussie peut-elle envahir rapidement tout un plan d'eau ?

Bilan : expliquez comment la reproduction végétative permet aux plantes d'envahir un milieu.

ACTIVITÉ 4

L'origine des graines des plantes à fleurs

Les graines permettent aux plantes à fleurs de s'installer dans un nouveau milieu. Ces semences se forment au cours de la reproduction de ces végétaux.

Comment les plantes à fleurs produisent-elles leurs graines ?

A De la fleur au fruit

DOC 1 Le radis ravenelle : au début du printemps, le sommet des tiges porte des grappes de fleurs qui s'épanouissent progressivement et se transforment en fruits.

Je manipule

Quelle que soit la fleur choisie (moutarde des champs, radis ravenelle, pois de senteur, genêt…) :

- ➜ Prélevez une fleur sur la tige.
- ➜ Retirez les sépales et les pétales.
- ➜ Repérez les **étamines** reconnais-sables à leurs sacs jaunes à pollen et le **pistil** au centre de la fleur.
- ➜ Détachez les étamines.
- ➜ Coupez le pistil dans le sens de la longueur.

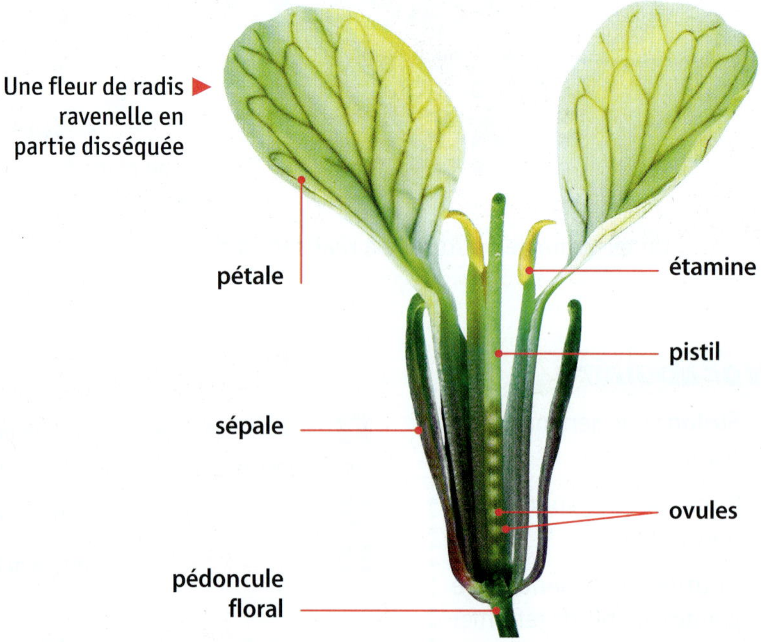

DOC 2 La dissection de la fleur permet de comprendre l'origine du fruit et des graines.

B Les conditions de la formation des graines

Histoire des sciences

- **Jacob Bobart** (1598-1680) fut le premier à déterminer à quelles conditions peuvent se former les graines : il montra que le pistil d'une fleur ne forme des graines que s'il entre en contact avec les « sachets polliniques » (étamines).
- **Joseph Kolreuter** (1733-1806) découvre le rôle des abeilles dans la pollinisation des fleurs.
- **Charles Darwin** (1809-1882) réalise des expériences qui confirment le rôle des abeilles.

	Témoin	Manipulation 1	Manipulation 2
Manipulations réalisées sur des fleurs de tulipe non épanouies	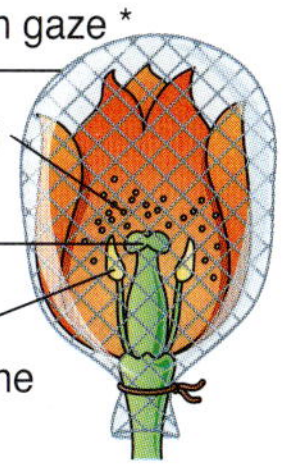 * la gaze fine arrête le pollen.		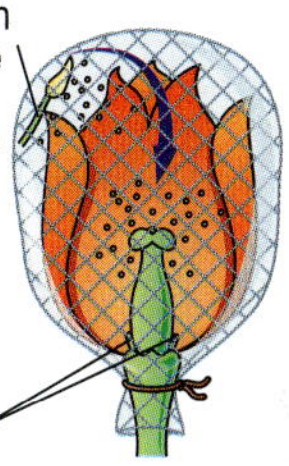
Résultats	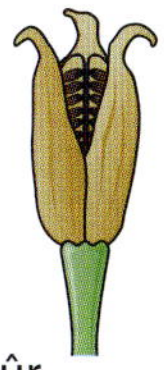 Fruit mûr avec graines	 Pas de fruit Pas de graine	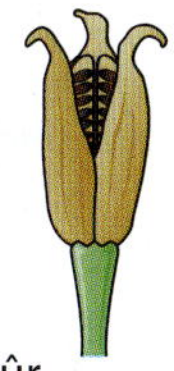 Fruit mûr avec graines

DOC 3 Une expérience pour comprendre dans quelles conditions se forment les fruits et les graines.

Les chatons du noisetier au printemps.

Abeille visitant une fleur de crocus pour récolter du nectar.

DOC 4 Deux moyens de transport du pollen jusqu'au pistil des fleurs.

Vocabulaire

- **Étamines :** organes reproducteurs mâles d'une fleur ; elles produisent le pollen.
- **Pistil :** organe reproducteur femelle d'une fleur ; il produit les ovules.
- **Pollinisation :** transport et dépôt du pollen sur le pistil des fleurs.

Pistes de travail

1 **Doc. 1 et 2 :** Quelle partie de la fleur est à l'origine du fruit et des graines ? Justifiez votre réponse.

2 **Doc. 3 :** À quelle condition le pistil se transforme-t-il en un fruit contenant des graines ?

3 **Doc. 4 :** Dans la nature, comment s'effectue le transport du pollen ?

Bilan : expliquez les étapes nécessaires à la formation des graines.

Le bilan des activités

Chapitre 3 La colonisation d'un milieu par les végétaux

ACTIVITÉ 1 pp. 46-47

L'installation des plantes à fleurs dans un nouveau milieu

Les **plantes à fleurs** peuvent s'installer dans un nouveau milieu grâce à leurs graines. Ces semences possèdent des caractéristiques particulières (ailes, crochets…) qui favorisent leur **dispersion** par le vent, les animaux ou l'eau.
En germant, les graines donnent de nouvelles plantes qui colonisent le nouveau milieu.

ACTIVITÉ 2 pp. 48-49

L'installation des fougères dans un nouveau milieu

Les **fougères** peuvent s'installer dans un nouveau milieu grâce à leurs **spores**. Ces spores microscopiques sont très nombreuses. Elles s'échappent des sporanges et sont **dispersées** par le vent. Quand elles trouvent des conditions favorables, elles germent et donnent de nouvelles plantes.

ACTIVITÉ 3 pp. 50-51

Envahir un milieu sans utiliser les graines ou les spores

Certains végétaux peuvent envahir un milieu sans utiliser les graines ou les spores. Dans ce cas, une **partie du végétal** (rhizome, stolon, bouture…) est à l'origine d'une nouvelle plante : c'est une **reproduction végétative**.

ACTIVITÉ 4 pp. 52-53

L'origine des graines des plantes à fleurs

Les **graines** des plantes à fleurs se forment à partir des **ovules** contenus dans le **pistil** de la fleur. La formation de ces graines nécessite le transport et le dépôt du **pollen** (pollinisation) sur le pistil de la fleur pour permettre la fécondation.

LE SOCLE COMMUN DE CONNAISSANCES ET DE COMPÉTENCES … LE SOCLE COMMU

Je dois savoir

- Les végétaux s'installent dans de nouveaux milieux grâce à des formes de dispersion : graines pour les plantes à fleurs ou spores pour les fougères.
- Certaines plantes peuvent envahir un milieu en utilisant une partie du végétal (rhizome, stolon, bouture) : c'est une reproduction végétative.
- Les graines des plantes à fleurs se forment à partir des ovules contenus dans le pistil de la fleur. Pour que ces ovules se transforment en graines, le pollen doit se déposer sur le pistil de la fleur.

Le schéma-bilan

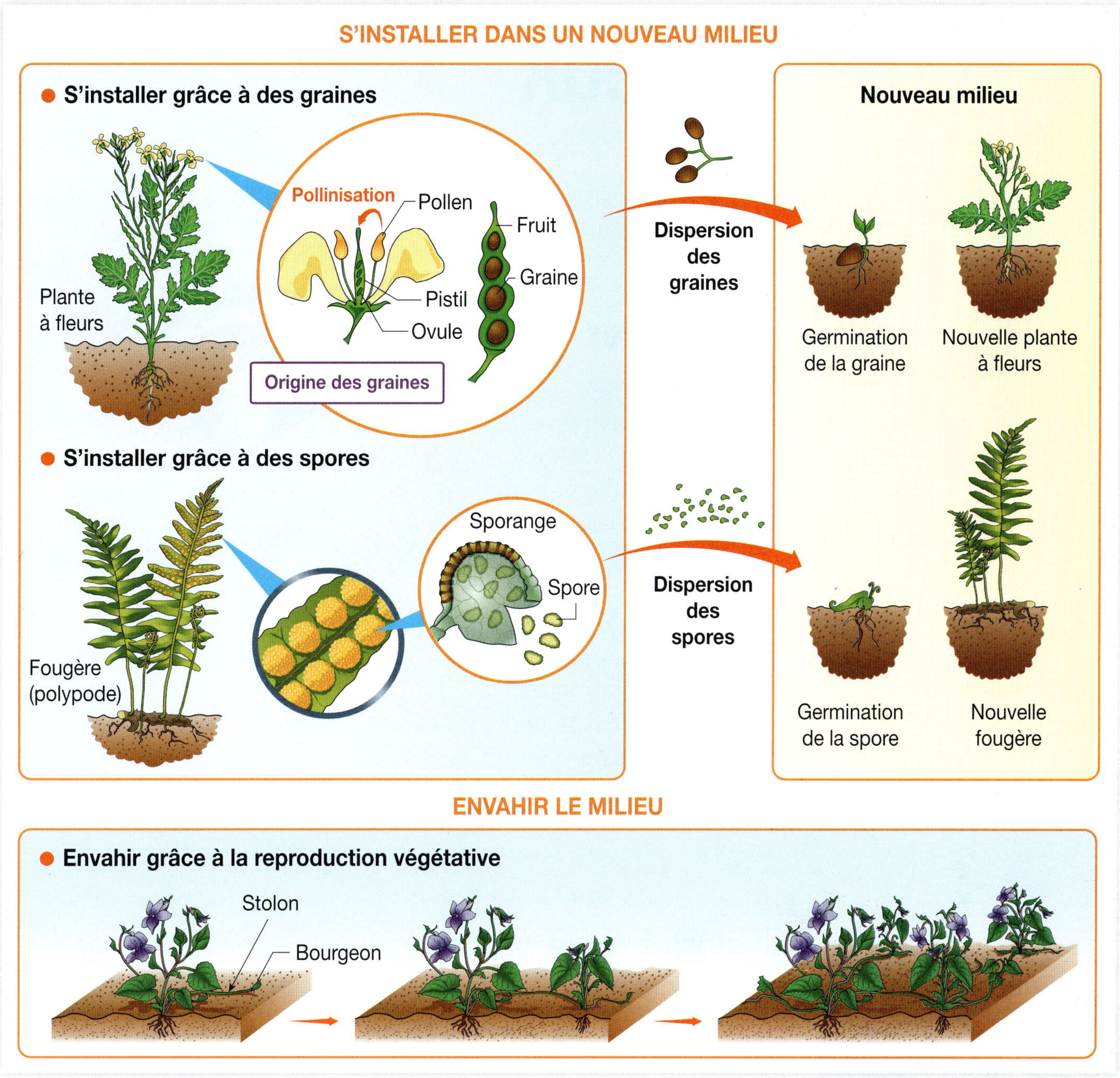

E CONNAISSANCES ET DE COMPÉTENCES ... LE SOCLE COMMUN DE CONNAISSANCES ET DE COMPÉTENCES ...

Je sais définir

- Dispersion
- Graine
- Spore
- Reproduction végétative
- Ovule
- Pollen
- Pollinisation

Je suis capable de

- Observer des semences pour formuler des hypothèses sur leur mode de dissémination (activités 1 et 2).
- Réaliser une préparation microscopique de sporange et l'observer pour comprendre la dissémination des plantes à spores (activité 2).
- Suivre un protocole pour réaliser un bouturage, pour disséquer une fleur (activités 3 et 4).
- Faire un dessin scientifique (sporange, pistil, fruit) en respectant des consignes (activités 2 et 4).

Le coin des curieux

Je réalise

Récolter des spores de champignon

Matériel : un champignon de Paris ouvert ; un verre ; un carton blanc (10 cm × 10 cm) ; des ciseaux.

✓ Prenez un champignon de Paris dont le chapeau est ouvert.

✓ Au centre du carton, faites un trou circulaire pour que le pied du champignon puisse y passer.

✓ Placez le pied du champignon dans le trou, de telle sorte que les lamelles du chapeau soient en contact avec le carton.

✓ Soulevez le champignon deux jours plus tard.

À votre avis, où sont fabriquées les spores de ce champignon ?

Curiosité de la nature

Les orchidées trompeuses

■ L'ophrys bécasse, comme plus de 8 000 espèces d'orchidées, trompe un insecte pour assurer sa pollinisation. En effet, la fleur a la même forme, la même couleur et la même odeur que la femelle de cet insecte.

■ Attiré par cette « fausse femelle », le mâle tente de s'accoupler avec elle mais naturellement n'y parvient pas. Lorsqu'il quitte la fleur, on observe sur son front un ou deux sacs jaunes : ce sont les sacs à pollen, collants, de l'orchidée.

Que se passera-t-il lorsque cet insecte ira visiter une autre fleur ?

Informatique-Internet

Une méthode originale de dispersion des graines

Le concombre d'âne

Cette plante est assez fréquente sur le bord des chemins dans la moitié sud de la France. Ses fruits sont gros (5 cm de long) et ovales. Ils projettent violemment les graines quand ils se détachent du pédoncule : il faut photographier le phénomène au millième de seconde (photographie b) pour deviner les graines qui sont projetées.

www Pour voir la projection de graines sur une vidéo, vous trouverez un lien direct et contrôlé sur le site : **www.bordas-svtcollege.fr/Liens6e**

Histoire des sciences

Le Dodo et le tambalacoque

Fruits du tambalacoque

Gravure représentant le Dodo

- Le tambalacoque est un arbre qui vit uniquement au cœur de vallées retirées de l'île Maurice, dans l'océan Indien. Cette espèce est en danger car elle ne survit que par quelques individus âgés de plus de 300 ans : en effet, les graines, enfermées dans des fruits à coque très dure, sont incapables de germer.
- Dans les années 1970, des scientifiques ont émis l'idée que la reproduction du tambalacoque s'est arrêtée quand le Dodo, oiseau de la taille d'une grosse dinde, a totalement disparu suite à une chasse intensive par les colons européens. En consommant les fruits du tambalacoque, le Dodo, grâce à son gésier très musclé rempli de petits cailloux, aurait libéré les graines de leur armure et permis leur germination.
- Même si le rôle du Dodo est indéniable, on pense aujourd'hui que la disparition du tambalacoque est également liée à d'autres facteurs, notamment l'arrivée de plantes envahissantes sur l'île Maurice.

Pourquoi depuis la disparition du Dodo les graines de tambalacoque ne sont-elles plus disséminées ?

Exercices

J'apprends à faire un exercice

1 La dispersion des graines

Exploiter des photographies

a Graines de l'épicéa commun.

b Fruit de la carotte sauvage.

c Merle noir mangeant des baies d'églantier sauvage (ou cynorhodons).

Questions

1. Décrivez les fruits ou les graines présentés sur ces photographies.

2. Pour chaque exemple, indiquez, dans un tableau :
– la caractéristique qui permet la dispersion de la graine ;
– le mode de dispersion.

Pour vérifier, vous pouvez comparer vos réponses à la solution page 208.

Pour répondre aux questions, je dois...

1. …savoir que les graines possèdent des caractéristiques particulières (voir pages 46-49) ;
… observer les photographies, les comparer et repérer ces caractéristiques.

2. … savoir qu'il existe différents modes de dispersion des graines en fonction de leurs caractéristiques (voir pages 46-49) ;
…construire un tableau qui comporte trois colonnes et trois lignes.

Voir le Guide pratique, page 195.

Je teste mes connaissances

2 Vrai ou faux ?

Repérez les affirmations exactes. Corrigez ensuite celles qui sont inexactes.

a. Les graines et les spores sont des formes de dispersion des végétaux.

b. La face inférieure des feuilles du polypode porte des graines.

c. Les spores comme les graines germent et redonnent une nouvelle plante.

d. Les graines ne sont transportées que par le vent.

e. La reproduction végétative est assurée par les graines des plantes à fleurs.

3 Expliquez comment…

a. Les plantes à fleurs s'installent dans un nouveau milieu.

b. Les fougères s'installent dans un nouveau milieu.

c. Les végétaux peuvent envahir un milieu sans utiliser de spores ni de graines.

d. Se forment les graines.

4 Trouvez le mot caché

Recopiez la grille ci-dessous puis complétez-la à partir des définitions.

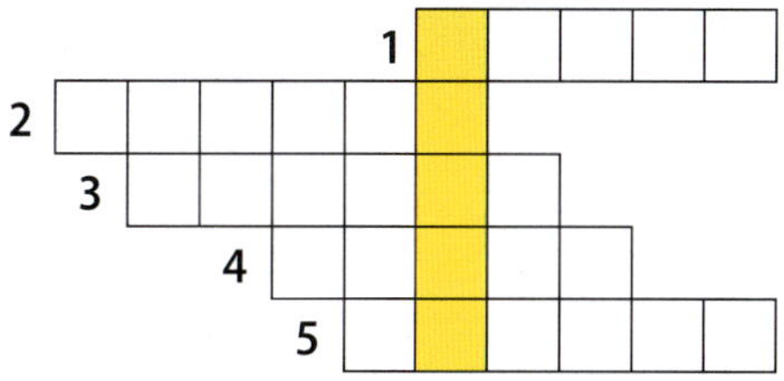

1. Organe de la plante à fleurs qui contient des graines.

2. Organe de la fleur qui se transforme en fruit.

3. Poudre qui s'échappe des étamines.

4. Se transforme en graine, après fécondation.

5. Après germination, elle donne une nouvelle plante à fleurs.

Découvrez le mot caché et dites comment cette partie de la plante se transforme en fruit.

J'utilise mes connaissances

5 La reproduction du melon charentais

Extraire des informations d'un croquis

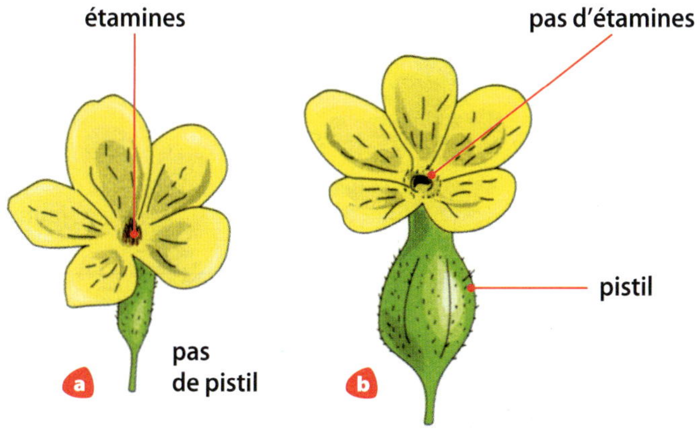

Le melon produit deux sortes de fleurs. La première est une petite fleur jaune à tige fine (a), la seconde est renflée à sa base (b).

1. Dites quel dessin représente la fleur femelle ; la fleur mâle. Justifiez votre réponse.

2. Indiquez quelle est la fleur qui se transforme en melon et comment s'effectue cette transformation.

Exercices

6 La fleur et le fruit du pois de senteur

Exploiter des photographies

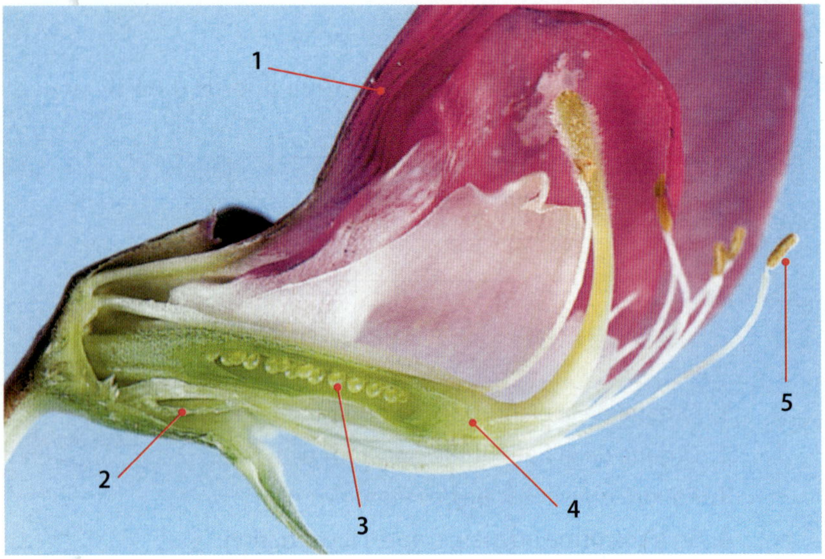

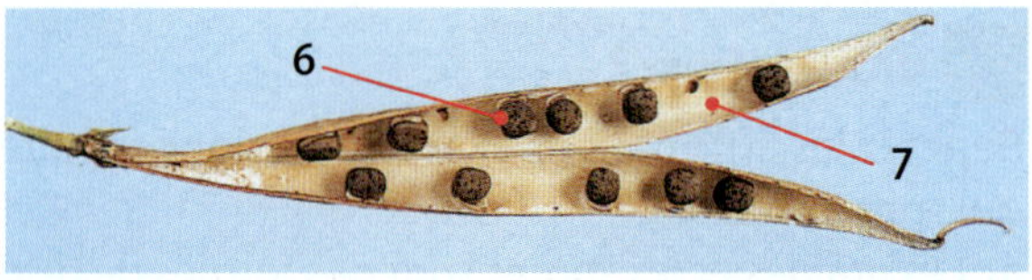

1. Attribuez à chaque numéro la légende qui convient (étamine, fruit, graine, ovule, pétale, pistil, sépale).

2. Quelle est la partie de la fleur qui se transforme en fruit ? en graine ?

3. En utilisant vos connaissances, dites dans quelles conditions se forment le fruit et les graines.

7 Multiplier des plantes par bouturage

Effectuer une recherche sur Internet

B2i

Il est possible de multiplier de nombreuses plantes par bouturage mais la technique peut être légèrement différente d'une plante à l'autre.

1. Recherchez sur Internet quelle est la technique utilisée pour multiplier le saintpaulia.
Résumez les étapes de cette manipulation.

2. Recherchez la technique utilisée pour multiplier les géraniums (ou pélargoniums). Notez les différences.

3. Dans chaque cas, pourquoi parle-t-on de reproduction végétative ?

8 La multiplication d'une fougère, le polypode vulgaire

Extraire des informations d'un croquis

Une fois installé dans le sous-bois ou sur un vieux mur, le polypode colonise le milieu en formant de nouveaux pieds.

Deux étapes de la colonisation d'un milieu par le polypode vulgaire

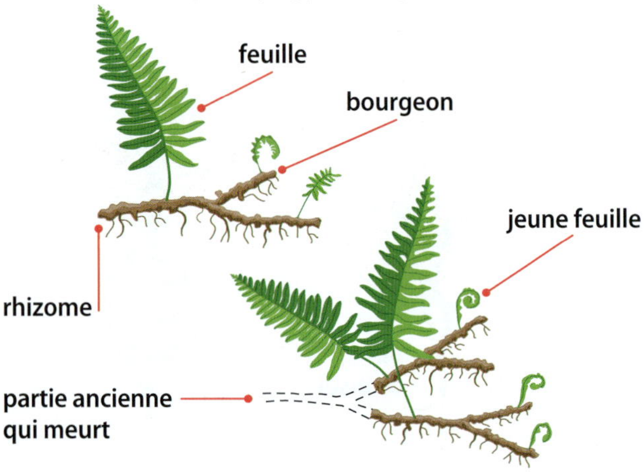

1. Expliquez comment se forment plusieurs pieds de polypode à partir d'un seul.

2. Représentez ce polypode tel qu'il pourrait être l'année suivante.

9 La mandragore

Réinvestir des connaissances à partir d'un exemple
Extraire des informations d'un texte et de photographies

La mandragore est une plante herbacée vivace des régions méditerranéennes. Elle possède une racine riche en réserves lui permettant de survivre d'une année à l'autre.
La forme de cette racine, qui rappelle parfois une silhouette humaine, alimente l'imaginaire, comme en témoigne son apparition dans la célèbre saga *Harry Potter* (photographie ci-dessous).

Une mandragore fleurie…

… et sa racine.

1. **Quelle caractéristique de la racine de la mandragore peut expliquer qu'elle soit le sujet de nombreuses légendes ?**

2. **À partir du texte et des photographies, dites quels sont les deux modes de reproduction de la mandragore.**

10 La dune et l'oyat

Réinvestir les connaissances à partir d'un exemple.

L'oyat est une plante vivace. Son nom scientifique *Ammophila arenaria* vient du grec *amnos* qui veut dire « sable » et *phila* « aime », ce qui peut s'interpréter comme « plante qui aime le sable ». Elle se trouve en nombre important sur les dunes de notre littoral atlantique. Elle envahit les dunes grâce à une reproduction végétative très efficace.

Choisissez, parmi les propositions suivantes, celles qui vous paraissent exactes :

a. **l'oyat envahit la dune en profondeur grâce à ses stolons ;**
b. **l'oyat envahit la dune en surface grâce à ses stolons ;**
c. **l'oyat envahit la dune en profondeur grâce à ses rhizomes ;**
d. **l'oyat envahit la dune en surface grâce à ses rhizomes.**

a Une dune colonisée par l'oyat.

b Les organes de la reproduction végétative de l'oyat.

Tâche complexe

J'apprends à résoudre un problème... en m'organisant tout seul

11 Les « légumes » du marché

Mettre en relation des informations
Présenter ses recherches sous forme de dessins

SITUATION PROBLÈME

Afin d'assurer leur reproduction, les plantes à fleurs accumulent des réserves nutritives dans différents organes issus de leur reproduction (graines, fruits). Ces organes peuvent être consommés et vendus sur les marchés, souvent sous le nom de « légumes ». Le mot « légume » désigne la partie comestible d'une plante cultivée.

CONSIGNE DE TRAVAIL

Présentez, sous la forme de courts textes et de dessins, les arguments permettant de penser que les « légumes » ci-dessous sont des graines ou des fruits.

Le petit pois

Fleur de pois.

Jeune gousse et petits pois dans la gousse à maturité (fruit).

La tomate

Pied de tomates en fleur et jeune tomate.

Coupe en longueur d'une tomate.

La courgette

Pied de courgettes en fleur et jeune courgette.

Coupe transversale d'une courgette.

COUP DE POUCE

1. **Si j'ai besoin d'un rappel sur l'origine des graines et des fruits** → documents p. 52 et 53.
2. **Si j'ai besoin d'aide pour dessiner** → fiche technique page 204.

Chapitre 4

L'influence de l'Homme sur les peuplements

L'impact sur le paysage de la construction d'une autoroute.

L'Homme puise ses ressources alimentaires et industrielles dans les milieux de vie ; il aménage son territoire, il rejette des déchets... Toutes ces activités ont un impact sur les êtres vivants et leurs milieux de vie.

Quelle est l'influence de l'Homme sur le peuplement des milieux ?

ACTIVITÉ 1 L'influence directe de l'Homme sur le peuplement du milieu

Pour ses besoins mais aussi pour protéger son environnement, l'Homme agit directement sur les végétaux et les animaux présents dans les milieux de vie.

Comment l'Homme agit-il directement sur les peuplements des milieux ?

A L'Homme exploite la forêt et assure son renouvellement

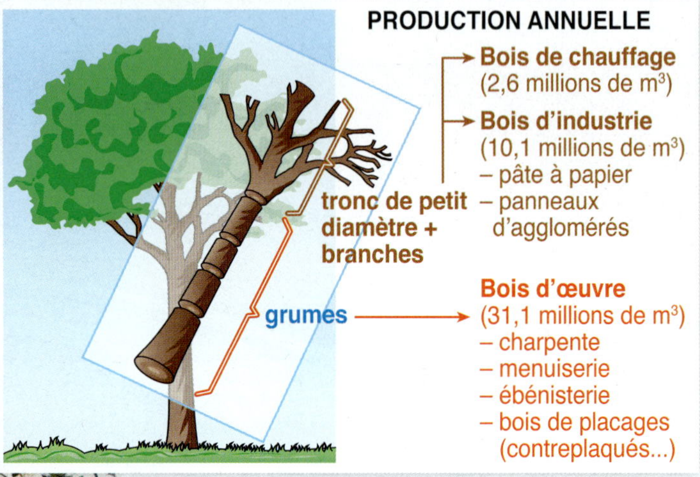

DOC 1 Le bois est un matériau d'usage courant et sa consommation ne cesse d'augmenter : chaque année, des millions de mètres cubes de feuillus (chêne, hêtre, châtaignier...) et de résineux (pin, sapin...) sont exploités.

Dans une forêt adulte, on pratique une première coupe d'éclaircie en ne conservant que les plus beaux arbres.

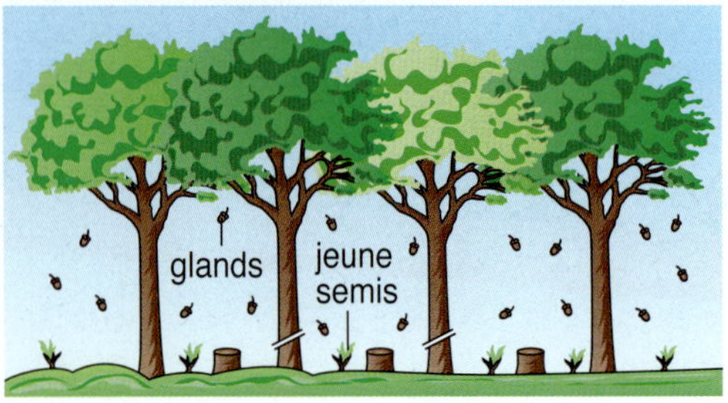

Les arbres restants grossissent et produisent des glands qui vont germer au sol. Une deuxième coupe est alors pratiquée.

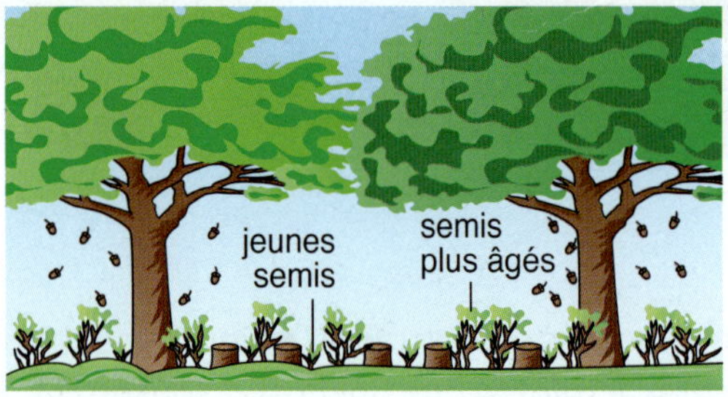

Régénération naturelle de la forêt à partir des semis. Les arbres restants seront finalement coupés.

DOC 2 Les forestiers gèrent la forêt : ils la cultivent, l'entretiennent et favorisent **la régénération naturelle** lors de coupes de bois. Si cette régénération est insuffisante, ils plantent de jeunes arbres sélectionnés.

B L'Homme régule les populations de ragondins

Carte d'identité d'un envahisseur

- **Nom :** *Myocastor coypus*.
- **Poids :** 5 à 10 kg ; taille : 60 cm à 1 m.
- **Origine :** Amérique du Sud ; introduit en Europe au XIXe siècle où il est élevé pour sa fourrure.
- **Habitat :** zones humides, étangs et cours d'eau. Il creuse des terriers dans les berges et les digues.
- **Alimentation :** il ronge les végétaux aquatiques ou terrestres ainsi que les plantes cultivées.
- **Reproduction :** 2 à 3 portées de 5 à 7 petits par an.

DOC 3 Le ragondin a colonisé l'ensemble de l'Europe. Il s'est échappé des élevages ou a été lâché volontairement dans la nature au début du XXe siècle.

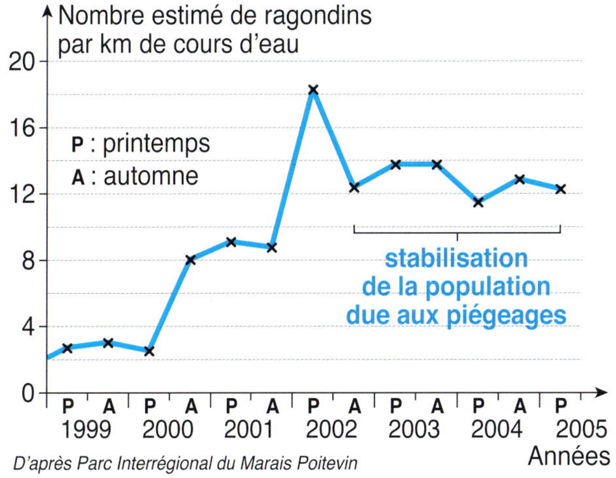

D'après Parc Interrégional du Marais Poitevin

Le ragondin adulte n'a pas de prédateur naturel en France, contrairement à son continent d'origine, l'Amérique du Sud, où le caïman et le jaguar régulent les populations de ce rongeur.

DOC 4 L'évolution de la population de ragondins dans le marais poitevin (Deux-Sèvres).

- **Le ragondin, une espèce « nuisible » :**
  - il cause des dégâts aux cultures (maïs, blé…) ;
  - il fragilise les berges en creusant ses terriers ;
  - il peut transmettre des maladies dangereuses pour l'Homme et pour les animaux domestiques.
- **La lutte contre la prolifération des ragondins :**
  - on utilise des cages-pièges (photographie) qui se ferment automatiquement quand le ragondin y entre pour manger un appât (des carottes par exemple).

DOC 5 Une lutte obligatoire pour réduire le nombre de ragondins.

Vocabulaire

- **Grume :** tronc d'arbre abattu et débarrassé de ses branches.
- **Régénération naturelle (d'une forêt) :** reconstitution naturelle des arbres de la forêt à partir des graines des arbres (glands, châtaignes…).

Pistes de travail

1 **Doc. 1 et 2 :** Dans quel but l'Homme gère-t-il la forêt et en quoi consiste cette gestion ?

2 **Doc. 3 et 4 :** Décrivez l'évolution des populations de ragondins et expliquez pourquoi cet animal est considéré comme un « envahisseur ».

2 **Doc. 5 :** Pourquoi est-il nécessaire de réguler les populations de ragondins ?

Bilan : dites comment l'Homme peut avoir une influence directe sur le peuplement des milieux.

ACTIVITÉ 2

L'influence indirecte de l'Homme sur le peuplement du milieu

Les activités humaines ont naturellement des conséquences directes sur les êtres vivants présents dans les milieux de vie mais aussi des conséquences indirectes à plus ou moins long terme.

Comment l'Homme agit-il indirectement sur le peuplement des milieux ?

A Un exemple lié à l'accumulation des déchets

Goéland leucophée

- **Habitat :** niche en colonies sur les îlots, les falaises mais également en ville sur les toits et les balcons.
- **Régime alimentaire :** poissons pêchés en mer mais aussi déchets récoltés sur les décharges d'ordures.
- **Reproduction :** la femelle pond 2 à 3 œufs par an et les petits deviennent adultes à l'âge de 4 ans.

DOC 1 Le goéland leucophée est une espèce protégée très commune près des décharges d'ordures.

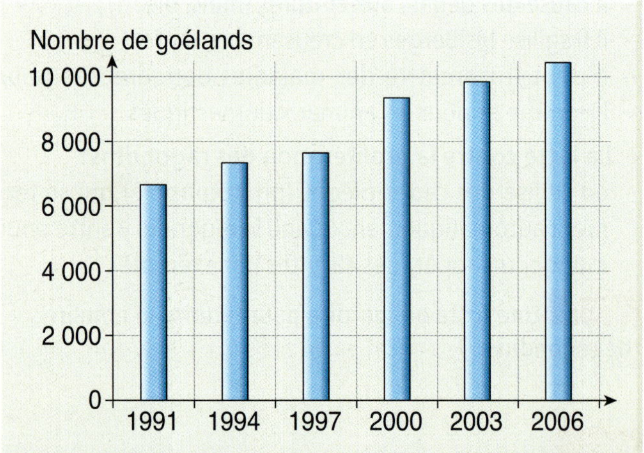

Les goélands étaient très peu nombreux au début du XXe siècle, d'où la décision, en 1976, de protéger cette espèce. Depuis cette date, les populations de goélands n'ont cessé d'augmenter car nous produisons de plus en plus de déchets dont cet oiseau se nourrit. Ainsi, plus nous gaspillons, plus il prolifère !

DOC 2 Évolution des populations de goélands leucophée en Languedoc-Roussillon.

- **Nuisances occasionnées par les goélands leucophée :**

– colonisation des sites de reproduction d'autres espèces, destruction de leurs œufs et attaque de leurs poussins ;

– nombreuses nuisances pour l'Homme (bruit, comportement agressif, perturbation du trafic aérien, transmission de maladies…).

- **Actions pour limiter les populations de goélands :**

– réduction des ressources alimentaires disponibles (fermeture des décharges à ciel ouvert, meilleure gestion des déchets de la pêche, interdiction de nourrir les oiseaux) ;

– stérilisation des œufs dans les nids lorsque le goéland niche sur les toits en ville.

DOC 3 La nécessité d'une régulation des populations de goélands leucophée.

B Un exemple lié à l'aménagement du territoire

La construction d'une autoroute a de nombreux **impacts** sur les espèces animales et leurs habitats :

- destruction des habitats (terrassements…) ;
- partage du territoire de répartition d'une espèce : l'autoroute devient une barrière infranchissable ;
- pollutions (chimiques, sonores, lumineuses) des milieux de vie, qui font fuir de nombreuses espèces.

DOC 4 La construction d'une autoroute a de nombreux impacts sur l'environnement.

Avant la construction d'une autoroute, on définit une bande provisoire de 300 m de large dans laquelle sera déterminé le tracé définitif de cette autoroute (plateforme de 25 m de large environ).

Des **études d'impact** sur la faune et la flore sont ensuite réalisées.

Le tracé définitif retenu tient compte de ces études.

Construction d'une autoroute dans la vallée de Luy de Béarn

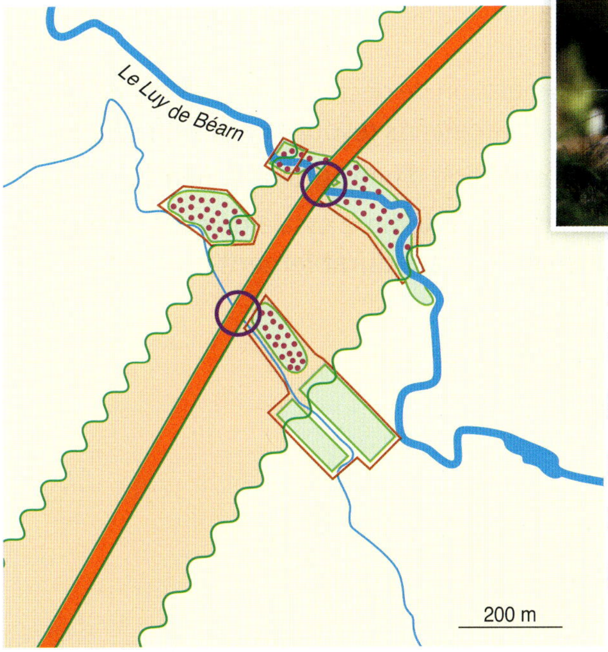

DOC 5 La construction de l'autoroute A65 (entre Pau et Bordeaux) et la prise en compte de l'environnement.

Vocabulaire

- **Impact :** effet produit par quelque chose.
- **Étude d'impact :** étude qui précède ou accompagne les grands travaux (autoroutes, lignes de chemin de fer…) et qui s'intéresse à leurs conséquences sur l'environnement.

Pistes de travail

1 Doc. 1 et 2 : Décrivez l'évolution des populations de goélands leucophée en Languedoc-Roussillon. À quoi est liée cette évolution ?

2 Doc. 3 : Pourquoi est-il nécessaire de réguler les populations de goélands ?

3 Doc. 4 et 5 : Quels aménagements vont être effectués au cours de la construction de l'autoroute A65 pour réduire les impacts sur l'environnement ?

Bilan : dites comment l'Homme peut avoir une influence indirecte sur le peuplement des milieux.

Chapitre 4 L'influence de l'Homme sur les peuplements

ACTIVITÉ 1 pp. 64-65

L'influence directe de l'Homme sur le peuplement du milieu

Lorsque l'Homme **prélève** ou **introduit** des végétaux et des animaux dans l'environnement, il a **une influence directe** sur le peuplement du milieu.

Par exemple :

- il coupe les arbres de la forêt mais il assure aussi leur renouvellement en favorisant une repousse naturelle à partir des graines ou en plantant de jeunes arbres ;
- il contrôle certaines populations d'animaux devenues trop importantes et qui sont responsables de dégâts (par exemple, il piège les ragondins).

ACTIVITÉ 2 pp. 66-67

L'influence indirecte de l'Homme sur le peuplement du milieu

Lorsque l'Homme modifie son environnement, il **perturbe** les **milieux de vie** des animaux et des végétaux, qui peuvent disparaître ou au contraire se multiplier : il a alors une **influence indirecte** sur le peuplement du milieu.

Par exemple :

- l'accumulation de déchets dans des décharges provoque l'augmentation de la population de goélands responsables de multiples nuisances ;
- la construction d'une autoroute détruit certains milieux de vie.

Actuellement, l'Homme essaie de **satisfaire ses besoins** et **d'aménager le territoire**, tout en protégeant **durablement** les milieux de vie.

LE SOCLE COMMUN DE CONNAISSANCES ET DE COMPÉTENCES ... LE SOCLE COMM

Je dois savoir

- L'Homme agit directement sur le peuplement du milieu en prélevant ou en introduisant des animaux et des végétaux dans l'environnement (déboisement, reboisement, régulation des populations d'animaux « nuisibles »...).
- L'Homme agit indirectement sur le peuplement animal et végétal : en perturbant leurs milieux de vie (accumulation de déchets, aménagement du territoire...), certaines espèces disparaissent, d'autres prolifèrent.
- Actuellement, l'Homme essaie d'aménager le territoire, tout en préservant durablement les milieux de vie des espèces.

Le schéma-bilan

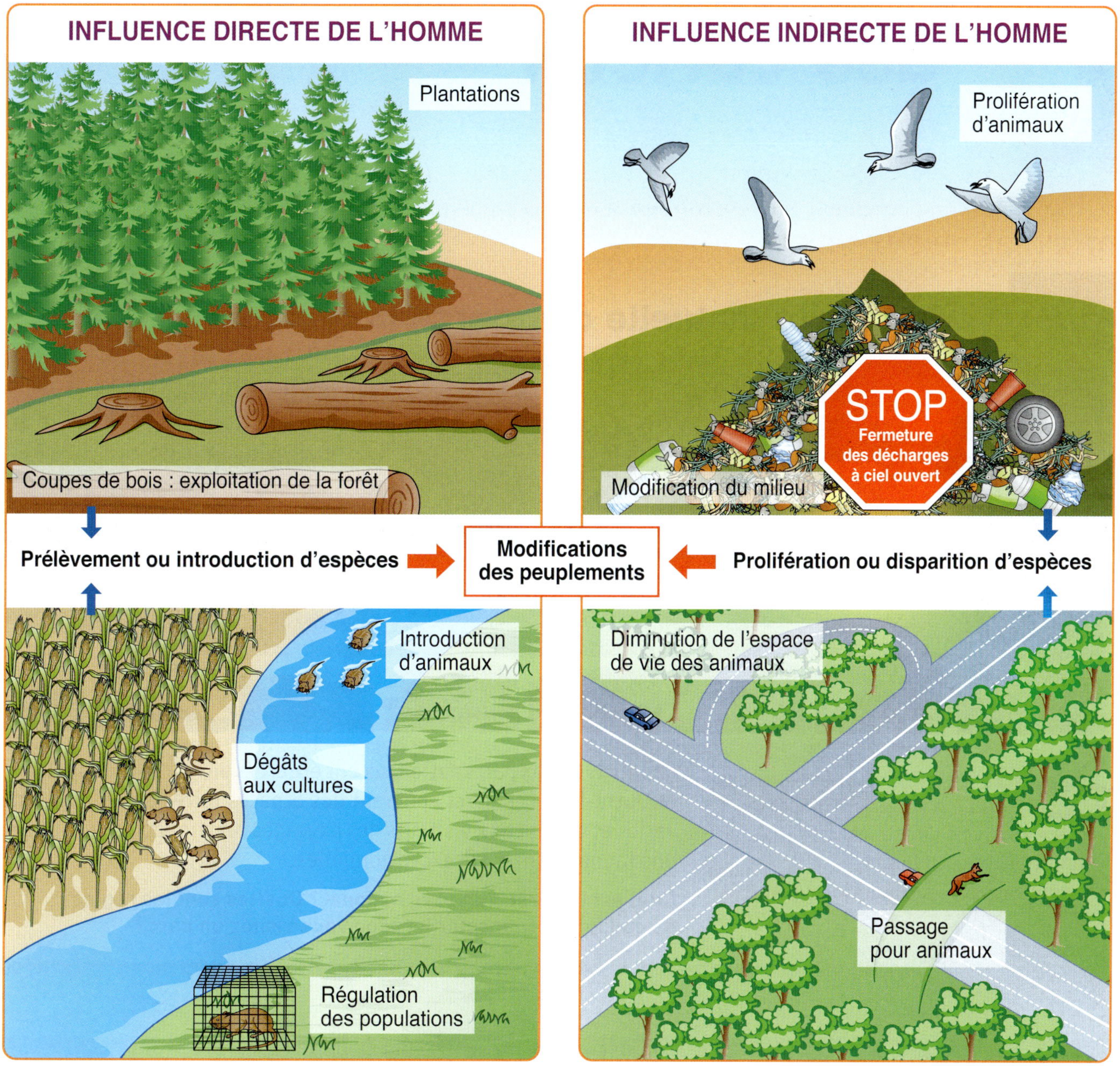

CONNAISSANCES ET DE COMPÉTENCES ... LE SOCLE COMMUN DE CONNAISSANCES ET DE COMPÉTENCES ...

Je sais définir

- Influence directe de l'Homme sur le peuplement
- Influence indirecte de l'Homme sur le peuplement
- Protection durable de l'environnement

Je suis capable de

- Reconnaître une influence directe ou indirecte de l'Homme sur le peuplement des milieux (activités 1 et 2).
- Faire preuve d'esprit critique pour imaginer les conséquences de l'action de l'Homme sur le peuplement des milieux (activités 1 et 2).

Le coin des curieux

Informatique-Internet

Une visite virtuelle des parcs nationaux

www Partez à la découverte de ces parcs grâce aux liens directs et contrôlés que vous trouverez sur le site :
www.bordas-svtcollege.fr/Liens6e

Depuis 1963, dix parcs nationaux ont été créés en France métropolitaine et Outre-Mer. Ces parcs couvrent des espaces terrestres et maritimes variés et offrent aux visiteurs des paysages remarquables qui abritent une faune et une flore exceptionnelles.

Quel est l'intérêt d'un parc national ? Quelles sont les règles de conduite à respecter lorsque vous visitez un parc ?

Énigme

L'oiseau des pharaons en Bretagne

L'ibis sacré représentait « Thôt », le dieu de la sagesse dans l'Égypte ancienne, mais il a aujourd'hui disparu des bords du Nil.
Absent de Bretagne jusqu'à une époque récente, cet oiseau est devenu fréquent aujourd'hui dans le golfe du Morbihan ! Des couples se sont échappés du zoo de Branféré (Morbihan) dans les années 1980, ils se sont reproduits et, en l'absence de prédateurs, ces oiseaux prolifèrent aujourd'hui.

Quel est le rôle de l'Homme dans la présence d'ibis en Bretagne ?

Sciences in English

Endangered species

An endangered species is a population of an organism which is at risk of becoming extinct because it is few in numbers.
Here are some of them.

Siberian tiger

Asian elephant

African cheetah

Giant panda

Moutain gorilla

Les métiers de l'environnement

Les métiers de l'environnement sont très nombreux et couvrent des domaines variés. L'éco-garde, par exemple, assure la protection de la nature et la gestion des milieux naturels. Il travaille pour l'État (parcs nationaux, ONF), les collectivités territoriales (région, département, syndicats de communes) ou encore des associations. Il peut se déplacer à cheval, à ski ou en bateau.

Questions à : Julien Picart, eco-garde

Pourquoi avez-vous été attiré par ce métier ?
Depuis très jeune, j'étais attiré par les métiers liés à la nature. J'aime observer la nature et prendre aussi des responsabilités.

En quoi consiste exactement votre métier ?
Je suis un policier de la nature, je surveille les espaces protégés du parc régional dans lequel je travaille. J'encadre aussi les équipes d'entretien et d'aménagement du parc et j'assure l'accueil du public.

Exercices

Je teste mes connaissances

1 Vrai ou faux ?

Repérez les affirmations exactes. Corrigez ensuite celles qui sont inexactes.

a. Le travail du forestier consiste uniquement à couper les arbres.

b. La forêt se régénère naturellement.

c. L'Homme a une influence directe sur le peuplement d'un milieu quand il introduit une nouvelle espèce.

d. L'accumulation de déchets provoque la disparition des goélands leucophée.

e. Les rejets de déchets ont une influence indirecte sur le peuplement des milieux.

f. Lors de la construction d'une autoroute, l'Homme tient compte de l'impact sur la faune et la flore.

2 Créez une phrase

Faites une phrase courte pour retrouver une notion importante

a. Activités humaines ; peuplement ; milieux.

b. Construction ; autoroute ; milieux de vie.

c. Lutte ; envahisseurs ; protection ; milieux de vie.

3 Trouvez le mot caché

Recopiez la grille ci-dessous puis complétez-la à partir des définitions.

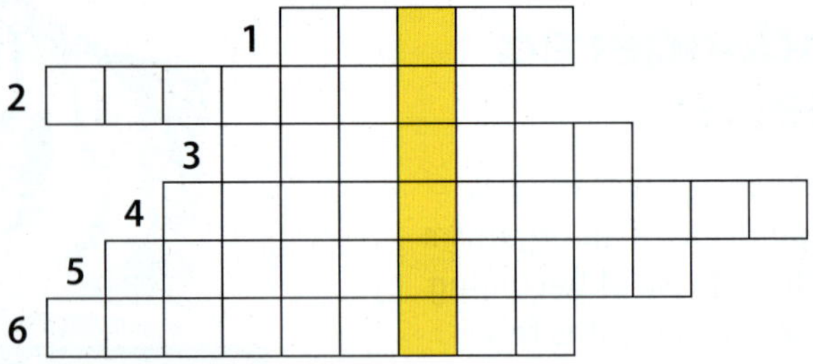

1. Il a une influence sur le peuplement des milieux.

2. Rongeur qui prolifère dans les zones humides.

3. Oiseau qui profite de l'accumulation des déchets ménagers.

4. Action de couper les arbres dans un bois.

5. Par son influence directe ou indirecte, l'Homme le modifie.

6. Sa construction a un impact sur l'environnement.

Définissez le mot caché.

J'utilise mes connaissances

4 Un envahisseur, l'écrevisse de Louisiane

Extraire des informations d'un texte

L'écrevisse de Louisiane a été introduite en France, dans les années 1970, pour son élevage. Depuis, elle a colonisé l'ensemble des cours d'eau français.

Écrevisse de Louisiane

- **Alimentation :** principalement plantes aquatiques, œufs de poissons, têtards de grenouilles, petits poissons…
- **Reproduction :** 2 pontes par an de 200 à 750 œufs.
- **Nuisances occasionnées :**
  - Prend la place des espèces d'écrevisses locales.
  - Entraîne la disparition des herbiers aquatiques, lieux de ponte des poissons.
  - Creuse de profonds terriers qui provoquent l'effondrement des berges des cours d'eau.
  - Entraîne une baisse importante des populations de poissons.
  - Porte un champignon mortel pour les écrevisses françaises.
- **Lutte :** transport et commercialisation d'écrevisses vivantes interdits.

1. **L'introduction de l'écrevisse de Louisiane en France a-t-elle été volontaire ou involontaire ? Que s'est-il passé après son introduction ?**

2. **Dites quelle est la conséquence de cette invasion sur les écrevisses locales.**

3. **Pourquoi peut-on dire que cette espèce est une menace pour la biodiversité des cours d'eau ?**

5 Les bouquetins du parc des Écrins dans les Alpes

Lire et interpréter un graphe et un texte

Le bouquetin des Alpes avait pratiquement disparu des massifs alpins à la fin du XIXe siècle, en raison d'une chasse intensive, il ne restait plus alors qu'une dizaine d'individus. Il a été réintroduit à partir des années 1960 dans le massif des Cerces (Parc national des Écrins), au cours de lâchers successifs de quelques mâles et femelles.

Les bouquetins se sont bien adaptés dans le Parc national des Écrins, actuellement la population est de 500 à 600 individus.

Évolution des populations de bouquetins dans le massif des Cerces (Hautes-Alpes et Savoie)

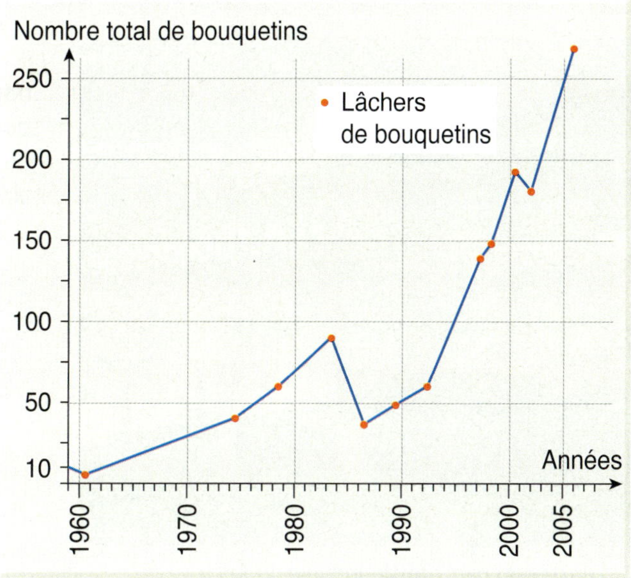

1. **Quelle était la population des bouquetins dans les Alpes à la fin du XIXe siècle ? Recherchez une explication.**

2. **Comment a évolué la population des bouquetins à partir des années 1960 ? Proposez des explications.**

3. **S'agit-il d'une influence directe ou indirecte de l'Homme sur le peuplement des milieux ?**

6 Le martin-pêcheur d'Europe

Organiser des informations

Martin-pêcheur d'Europe

Le martin-pêcheur vit dans les zones humides, il niche dans un terrier creusé dans les berges des rivières, des étangs… Il se nourrit essentiellement de petits poissons qu'il capture en plongeant sous l'eau, parfois à plus d'un mètre de profondeur.

Cet oiseau a peu de prédateurs, cependant sa population diminue en Europe.

Les menaces qui pèsent sur le martin-pêcheur :

- modification du tracé des cours d'eau et bétonnage des berges ;
- pollutions des eaux (pesticides, eaux usées…) qui réduisent le stock de poissons.

1. **Expliquez pourquoi l'aménagement des cours d'eau a des conséquences sur la population de martins-pêcheurs.**

2. **Expliquez l'impact des pollutions sur cette espèce.**

3. **Proposez quelques exemples de mesures qui permettraient de protéger cet oiseau.**

Tâche complexe

Je résous un problème…

7 Le comportement des cigognes du Teich

Savoir lire un graphique. Mettre en relation des informations. Savoir lire un tableau. Savoir réécrire un texte.

1. L'entrée du parc ornithologique du Teich.

2. Une cigogne blanche.

- Le parc ornithologique du Teich, situé en Gironde au bord du bassin d'Arcachon, est célèbre pour la grande diversité d'oiseaux pouvant y être observés. En particulier, la présence permanente ou temporaire de cigognes blanches attire un nombreux public ainsi que des scientifiques.

3. Des cigognes blanches dans leur nid, observées au Teich.

SITUATION PROBLÈME

Jean et Marouane, deux amis en vacances à Arcachon pour Noël 2013, discutent de leur passion pour les oiseaux. Jean, habitué de la région, donne le conseil suivant à son ami : « Tu devrais aller au parc ornithologique du Teich. J'y suis allé en janvier 2006 et je te garantis que l'on peut y voir de très nombreuses cigognes blanches. Elles ne migrent plus et restent sur le site toute l'année ». Le lendemain, Marouane revient déçu de sa visite car il n'a pas vu de cigognes blanches.

CONSIGNE DE TRAVAIL

À partir des informations fournies par les documents de la page ci-contre, proposez sous forme d'un texte une explication quant à l'absence, au cours des derniers hivers, de cigognes blanches au parc ornithologique du Teich.

Tâche complexe

... en m'organisant tout seul

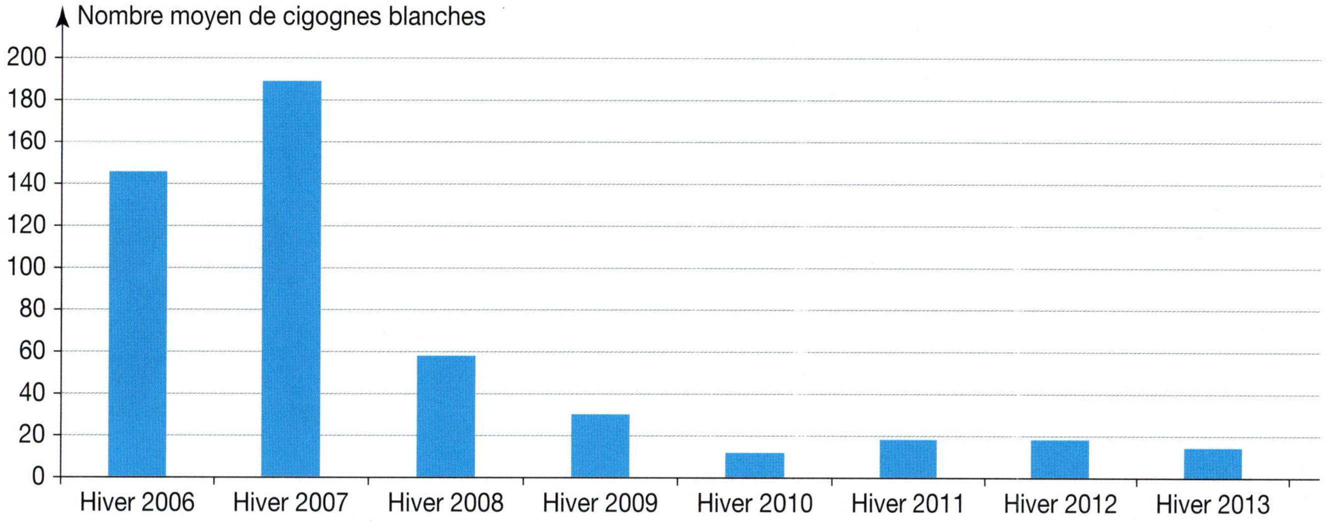

DOC 1 Comptage hivernal des cigognes blanches du Teich entre 2006 et 2013 (graphe réalisé à partir des données du site *www.parc-ornithologique-du-teich.com/archive_comptage.aspx*).

1. La décharge à ciel ouvert en activité avant 2007.

2. La décharge réaménagée en surface après 2007 (photographie prise en mars 2014).

DOC 2 Décharge d'Audenge, près du Teich, pendant et après son exploitation.

DOC 3 La nourriture des cigognes..

- Les cigognes blanches se nourrissent principalement d'insectes mais aussi d'araignées, de vers de terre, de limaces. Elles consomment également des mulots, des taupes, des grenouilles…
- Elles trouvent leur nourriture dans les prairies ou en bordure des marécages.
- Les cigognes sont aussi fortement attirées par les décharges publiques où elles trouvent une nourriture facilement accessible tout au long de l'année.

COUP DE POUCE

1. **Si j'ai besoin de retrouver des informations sur la migration de la cigogne blanche** → Bilan page 35.
2. **Si j'ai besoin d'informations sur l'impact d'une décharge sur un oiseau** → Bilan page 66.
3. **Si j'ai besoin d'aide pour lire un graphique** → Fiche page 200.
4. **si j'ai besoin d'aide pour comprendre :**
   → je recherche les points communs entre deux documents (coïncidences dans le temps et/ou de lieu).

Environnement Développement durable

Des plantes envahissent

Les envahisseurs

De véritables pestes végétales

L'espace forestier a considérablement diminué depuis l'arrivée de l'Homme sur l'île de la Réunion.
Le développement agricole explique en partie cette diminution mais il n'est pas le seul responsable. Des plantes amenées par l'Homme ont envahi peu à peu les milieux et perturbé le développement des espèces originaires de l'île. Ce sont de véritables pestes vertes dont l'une des plus inquiétantes est la vigne marronne.

Le tableau traduit les résultats d'une étude réalisée dans une parcelle atteinte d'une forêt réunionnaise.

Dates	Plantes originaires de la Réunion*	Plantes venues d'ailleurs*
1999	68 %	32 %
2001	22 %	78 %
2002	6 %	94 % (dont 92 % de vigne marronne)

* en pourcentage du nombre de plantes dans la parcelle

La forêt avant l'arrivée de l'Homme

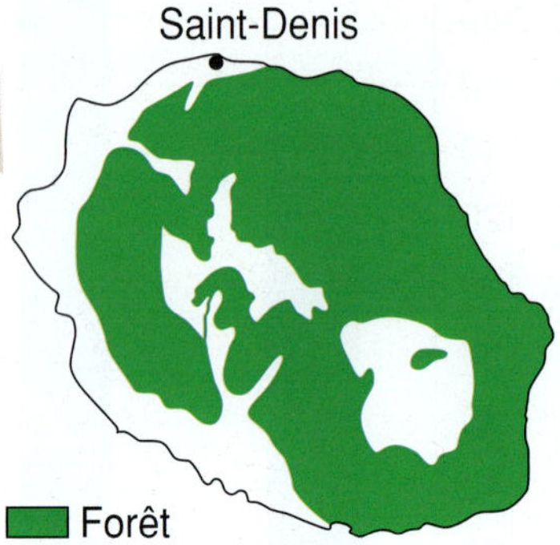

La forêt réunionnaise aujourd'hui

Le portrait d'un envahisseur : la vigne marronne

La **vigne marronne** est originaire d'Asie du sud-est.
Elle se multiplie très vite par reproduction végétative mais produit aussi de nombreuses graines. Elle colonise tous les espaces libres, en empêchant la régénération naturelle de la forêt ; elle contribue donc à sa disparition progressive.

l'île de la Réunion

La lutte est l'affaire de tout le monde

La lutte contre les plantes envahissantes est l'affaire de tous. Le 27 novembre 2008, accompagnés de leur professeur et d'un garde de l'ONF, les élèves de sixième du collège Joseph Suacot à Petite Île ont arraché la vigne marronne sur une parcelle de forêt. Ils ont ensuite replanté des plantes originaires de la Réunion : grands nattes, petits nattes et benjoins.

Un essai récent : faire manger l'envahisseur par un ennemi naturel

- Un insecte, la **tenthrède**, a été introduit en 2006 sur l'île de la Réunion. Après des années de recherches, on a découvert que ses larves dévoraient les feuilles de vigne marronne et qu'à la Réunion, elles ne consommaient aucune autre plante.
- L'action de cet insecte est très efficace : deux ou trois générations suffisent à faire mourir un plant entier de vigne marronne.

Sangliers à la recherche de nourriture dans la litière d'un sous-bois.

PARTIE
2

L'origine de la matière des êtres vivants

Retrouver des acquis...

Une chaîne alimentaire

Le mulot se nourrit fréquemment de noisettes ou de châtaignes.

Retrouvez « qui est mangé par qui ». Qu'appelle-t-on « chaîne alimentaire » ?

Faire pousser des plantes

Quelles sont les conditions nécessaires à la croissance d'une plante (le haricot par exemple) ?

… et s'interroger

Que deviennent les feuilles mortes ?

Forêt en automne

On estime qu'il tombe chaque année, en forêt, une épaisseur de 10 cm de feuilles mortes au pied des arbres. Dans une forêt, il y a souvent des arbres centenaires.

Quelle devrait être la hauteur de feuilles mortes au pied d'un arbre de cent ans ?

Forêt au printemps

Un sous-bois en automne et le même sous-bois, quelques mois plus tard, au début du printemps. Comparez les deux photographies.

Comparez les deux photographies. Où sont passées les feuilles mortes ? Comment les arbres reconstituent-ils leurs feuilles ?

PARTIE 2

L'origine de la matière des êtres vivants

EXTRAIT DU PROGRAMME
(*B.O.* spécial n° 6 du 28 août 2008)

Origine de la matière des êtres vivants
(Durée conseillée : 25 % de l'horaire annuel)

CONNAISSANCES

Tous les organismes vivants sont des producteurs.
Tout organisme vivant produit sa propre matière à partir de celle qu'il prélève dans le milieu.
Les végétaux chlorophylliens n'ont besoin pour se nourrir que de matière minérale, à condition de recevoir de la lumière.
Tous les autres organismes vivants se nourrissent toujours de matière minérale et de matière provenant d'autres organismes vivants.

Le sol abrite des êtres vivants qui, au travers de réseaux alimentaires, transforment les restes d'organismes vivants en matière minérale : ce sont des décomposeurs.
La matière des organismes vivants se transforme en matière minérale.
Le sol est composé :
– de microorganismes et restes d'organismes vivants,
– de matière minérale provenant de la transformation des restes d'organismes vivants et des roches du sous sol.

CAPACITÉS

Formuler l'hypothèse d'une relation de cause à effet entre la production de matière et le prélèvement de matière dans le milieu.
Mesurer pour suivre les évolutions de taille et de masse.
Construire un tableau ou un graphique pour présenter les résultats des mesures.
Exploiter des résultats de croissance d'un être vivant en fonction des ressources du milieu de vie.
Suivre un protocole pour mettre en évidence les besoins nutritifs d'un végétal chlorophyllien.
Observer des indices afin d'identifier le régime alimentaire d'un animal.
Observer différentes étapes de la décomposition de la matière des êtres vivants.
Effectuer un geste technique en observant à la loupe binoculaire et/ou au microscope des composantes du sol.
Construire un schéma des relations alimentaires dans le sol en respectant les conventions.

Chapitre 1

La production de matière par les êtres vivants

Passereau donnant la becquée à ses oisillons.

Au cours de sa vie, un organisme produit de la matière. Ceci se manifeste notamment par sa croissance.

Quelle est l'origine de la matière produite par les êtres vivants ?

ACTIVITÉ 1

Grandir, c'est produire de la matière

La croissance est une des caractéristiques du vivant : au cours de leur vie, les êtres vivants produisent de la matière pour fabriquer leurs propres organes.

Quels indices de cette production de matière peut-on rechercher ?

A Des indices de la production de matière chez un animal

Les souriceaux naissent après 20 jours de gestation dans le ventre de leur mère. Ils sont alors sourds, aveugles et dépourvus de poils.

- Au début, les souriceaux se nourrissent du lait maternel. À dix jours, leur pelage a entièrement poussé.
- Vers le 12e jour, leurs yeux s'ouvrent, leurs dents ont poussé et ils commencent à prendre de la nourriture solide.
- À quatre semaines, ils apprennent très vite à manger la même nourriture que leurs parents : ils sont sevrés.

Les souris sont adultes à l'âge de quatre mois environ.

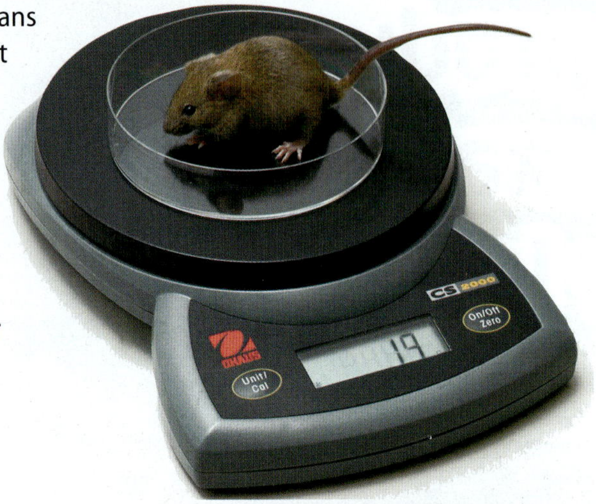

6 jours

18 jours

6 semaines

Evolution de la masse d'un souriceau en fonction du temps

Fichier Edition Affichage Choix Calculs

Temps	Masse
jours	grammes
1	1
2	2
7	5
30	15
60	20
90	38
120	40

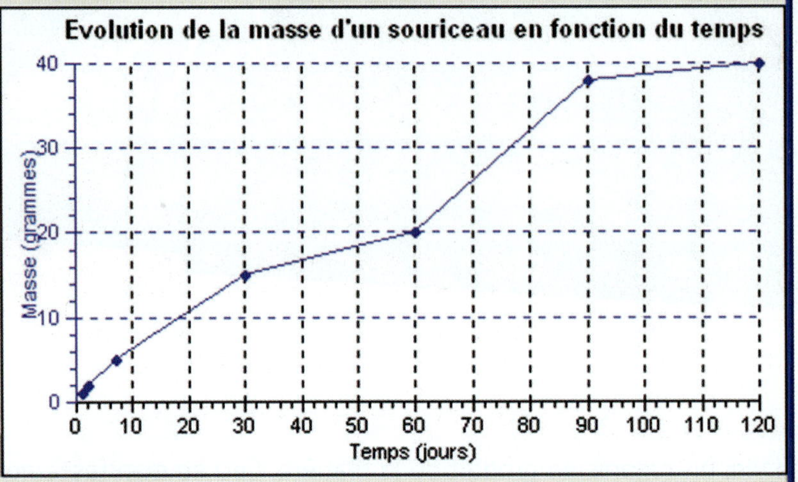

Réalisation d'un graphique avec le logiciel « Mesurim »

DOC 1 La mesure de la **masse** d'une souris au cours de sa **croissance**.

B Une mise en évidence de la production de matière par une plante

Je manipule

- Prenez une photographie d'une jeune feuille (de « misère », par exemple) en disposant à l'arrière de celle-ci un fond quadrillé.
- Placez un repère et prenez chaque semaine une nouvelle photo de la même feuille.
- Mesurez la surface (ou la longueur) de chaque feuille, en utilisant la largeur d'un carreau comme échelle. Le logiciel « Mesurim » permet de faire très facilement de telles mesures à partir des photos numériques.

Un exemple de résultat ▶

Temps (en semaines)	1	3	5	7
Longueur (en cm)	2,7	5	7,8	9
Surface (en cm²)	2,37	8,81	17,32	22,25

DOC 2 La mesure de la croissance d'une feuille d'une plante.

Vocabulaire

- **Croissance d'un être vivant :** Augmentation de la taille et de la masse d'un être vivant.
- **Masse d'un être vivant :** Quantité de matière d'un être vivant, mesurée par la pesée grâce à une balance.

Pistes de travail

1 **Doc. 1 :** Décrivez l'évolution de la masse des souriceaux au cours du temps. En quoi ces résultats montrent-ils que les souriceaux ont produit de la matière ?

2 **Doc. 2 :** En vous aidant du tableau, montrez qu'une plante produit de la matière.

Bilan : expliquez comment l'on peut prouver qu'un être vivant fabrique de la matière.

ACTIVITÉ 2

Se nourrir pour produire sa propre matière

La croissance d'un organisme est le signe évident d'une production de matière vivante.

Quelle est l'origine de la matière produite par les êtres vivants ?

A Une relation entre alimentation et croissance

Escargot géant africain

La croissance d'une population d'escargots a été suivie pendant 12 mois, à partir de l'éclosion des œufs. Chaque mois on a, d'une part, pesé les escargots, d'autre part mesuré la longueur de la coquille.

Dès le début, les escargots ont été répartis en deux lots.

• Mesure de la masse des escargots en fonction du temps

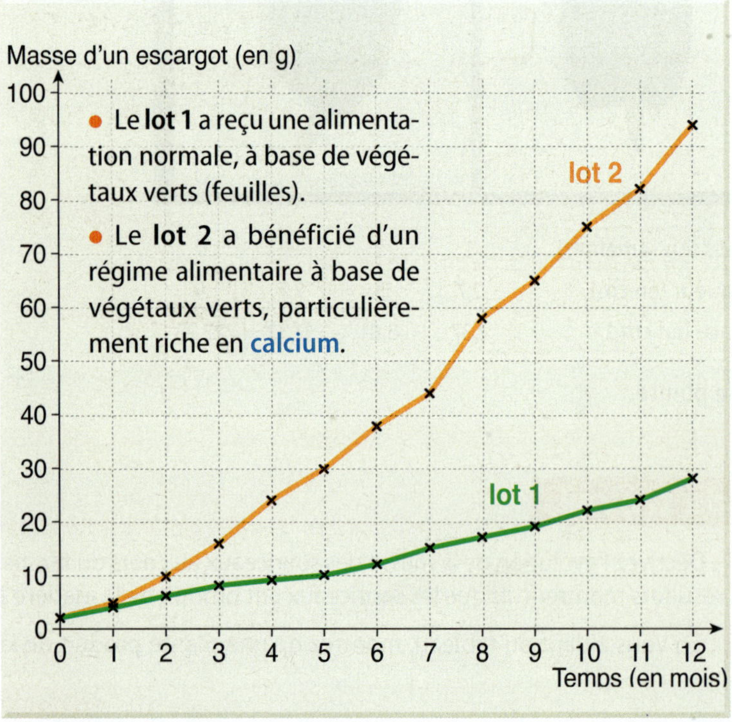

• Mesure de la longueur de la coquille des escargots en fonction du temps

Temps (en mois)	Lot 1 Longueur de la coquille (en mm)	Lot 2 Longueur de la coquille (en mm)
1	10	10
2	22	34
3	28	44
4	30	48
5	32	52
6	33	56
7	34	58
8	36	62
9	40	66
10	42	70
11	43	72
12	45	74

DOC 1 Des données expérimentales sur la croissance de « l'escargot géant africain ».

B De gros appétits !

- L'herbe reste une nourriture de choix pour les vaches. En France, 13 millions d'hectares de prairies (soit 23 % de la surface du pays) permettent le pâturage.
- La panse d'une vache lui permet d'avaler rapidement de grandes quantités d'herbes qu'elle rumine ensuite.
- Au cours de sa croissance, une vache peut ingurgiter, en une journée, 60 à 70 kg d'herbe permettant un gain de masse de 700 g à 1,2 kg par jour en moyenne.

DOC 2 Produire de la viande avec de l'herbe.

La Baleine bleue

- **Masse à la naissance :** 3 tonnes
- **Masse au moment du sevrage (7 mois) :** 21 tonnes
- **Masse à l'âge adulte :** 80 à 130 tonnes

La baleine bleue se nourrit essentiellement de krill (petits crustacés du plancton marin) : elle vit dans les zones où il abonde et plonge pour l'engloutir. En une bouchée, elle filtre 5 000 litres d'eau et retient ainsi sa nourriture : on a pu retrouver 425 kg de krill dans un estomac de baleine.
On estime qu'une baleine adulte se nourrit d'environ 2 à 4 tonnes de krill par jour : il faut environ 100 kg de krill pour produire 1 kg de baleine.

DOC 3 La baleine bleue : une croissance qui nécessite beaucoup de matière.

Vocabulaire

- **Calcium :** minéral présent dans beaucoup d'aliments et entrant dans la composition des coquilles et des os.
- **Plancton :** ensemble de très petits organismes qui vivent en milieu aquatique à faible profondeur.
- **Sevrage :** arrêt de l'allaitement maternel.

Pistes de travail

1 Doc. 1 : Comparez, en indiquant quelques valeurs, la croissance des deux lots d'escargots. Expliquez les différences observées.

2 Doc. 2 et 3 : En utilisant ces deux exemples et d'autres que vous connaissez, indiquez quelle matière utilisent ces animaux pour croître et d'où elle provient.

Bilan : expliquez l'expression « un animal produit sa propre matière en prélevant des ressources dans son milieu de vie ».

ACTIVITÉ 3 Des indices pour découvrir les besoins alimentaires des animaux

Les animaux prélèvent leurs aliments dans le milieu où ils vivent; cependant, il est souvent difficile de les observer en train de manger.

Quels sont les moyens de connaître le régime alimentaire des animaux ?

A Reconstituer le repas d'une chouette

Après son repas, la chouette rejette par le bec, sous la forme d'une pelote, les morceaux de son alimentation qu'elle ne digère pas.

La photographie de droite présente une **pelote de réjection** montrant les restes, sous forme de fragments de squelettes, du repas d'une chouette.

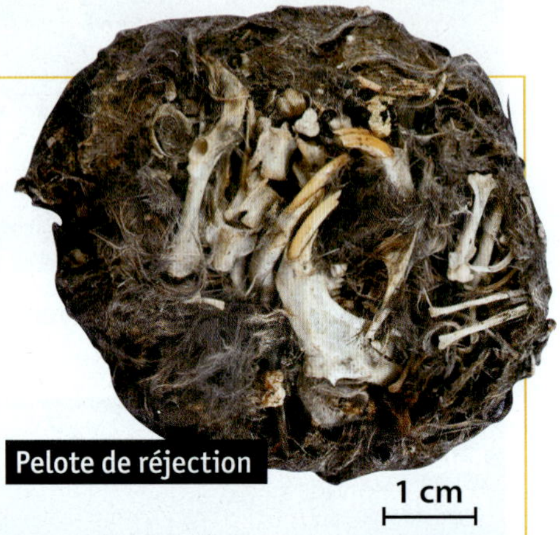

Pelote de réjection

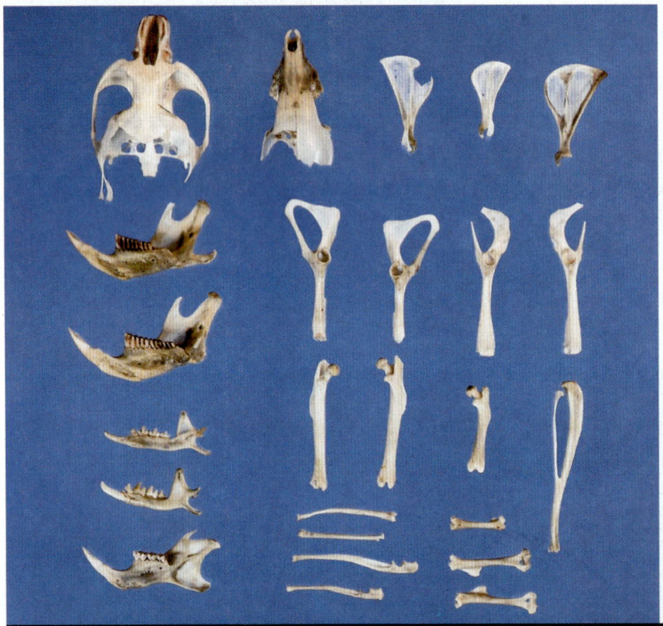

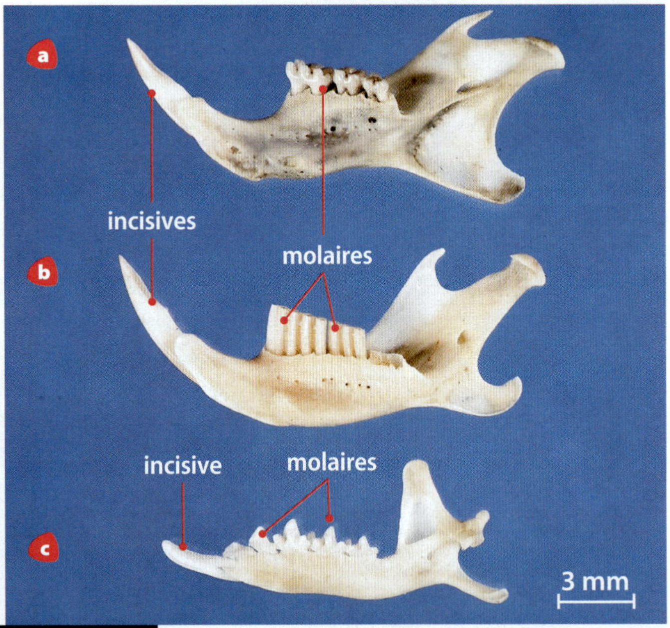

Quelques fragments osseux triés à partir du contenu d'une pelote de réjection.

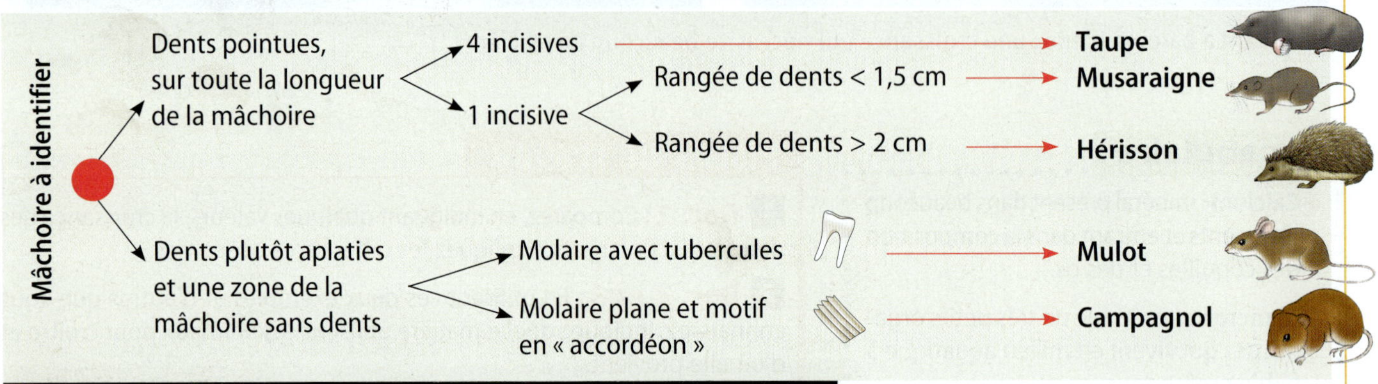

Une clé pour déterminer à quels animaux appartiennent les mâchoires trouvées.

DOC 1 L'analyse d'une pelote rejetée par une chouette permet de connaître ce qu'elle a ingurgité.

B Des informations sur le régime alimentaire du renard

Les renards se servent de leurs excréments pour délimiter leur territoire et les placent donc souvent dans des lieux repérables.

On reconnaît facilement les crottes de renard à leur forme caractéristique. Elles contiennent fréquemment des éléments identifiables : poils, plumes, os, restes d'insectes, mais aussi, comme ici, des noyaux ou des restes de fruits (photographies a et b).

DOC 2 Le **régime alimentaire** du renard peut être reconstitué à partir d'indices trouvés dans les crottes !

Vocabulaire

- **Pelote de réjection :** parties des proies non digérées (poils, os) rejetées par les rapaces sous forme d'une boule, quelque temps après leur repas.
- **Régime alimentaire :** ensemble des aliments consommés par un animal.

Pistes de travail

1 **Doc. 1 :** À l'aide de la clé de détermination, retrouvez à quels animaux appartiennent les trois mâchoires a, b et c trouvées dans la pelote de réjection de la chouette.

2 **Doc. 2 :** Expliquez comment on a pu mettre en évidence le changement du régime alimentaire du renard au cours de l'année.

Bilan : citez deux moyens de connaître le régime alimentaire des animaux sans les voir manger.

ACTIVITÉ 4

Les besoins nutritifs des végétaux chlorophylliens

Comme les animaux, les végétaux trouvent dans leur milieu de vie les éléments nécessaires à leur croissance.

Quels sont les besoins nutritifs des plantes et dans quelles conditions peuvent-elles produire leur matière ?

A Les conditions nécessaires à la production de matière végétale

a

La plupart des végétaux **chlorophylliens** poussent naturellement dans la terre. Pourtant, dans les serres, on cultive de nombreuses plantes « hors sol ».

Les racines trempent parfois directement dans de l'**eau minéralisée**.

b

DOC 1 Des plantes qui poussent sans terre !

a

• On réalise dans deux pots des cultures de blé (elles ont donc la même taille et le même aspect).

b

• L'une est placée à la lumière, l'autre sous un cache noir.

c

• Le résultat est observé un mois plus tard.

DOC 2 Une condition nécessaire à la production de matière végétale facile à tester expérimentalement.

B Une mise en évidence expérimentale des besoins nutritifs des plantes

Je manipule

→ Vous disposez de plantules de blé, d'eau minéralisée, d'eau déminéralisée, de potasse permettant d'éliminer le dioxyde de carbone de l'air et d'une cloche en verre.

→ Réalisez les expériences en suivant le protocole schématisé ci-dessous afin de tester chacune des hypothèses suivantes :
- Les plantes ont besoin de sels minéraux.
- Les plantes ont besoin d'eau.
- Les plantes ont besoin de dioxyde de carbone (CO_2).

Sécurité SVT

La **potasse** est un produit corrosif qui doit être manipulé avec beaucoup de précaution.

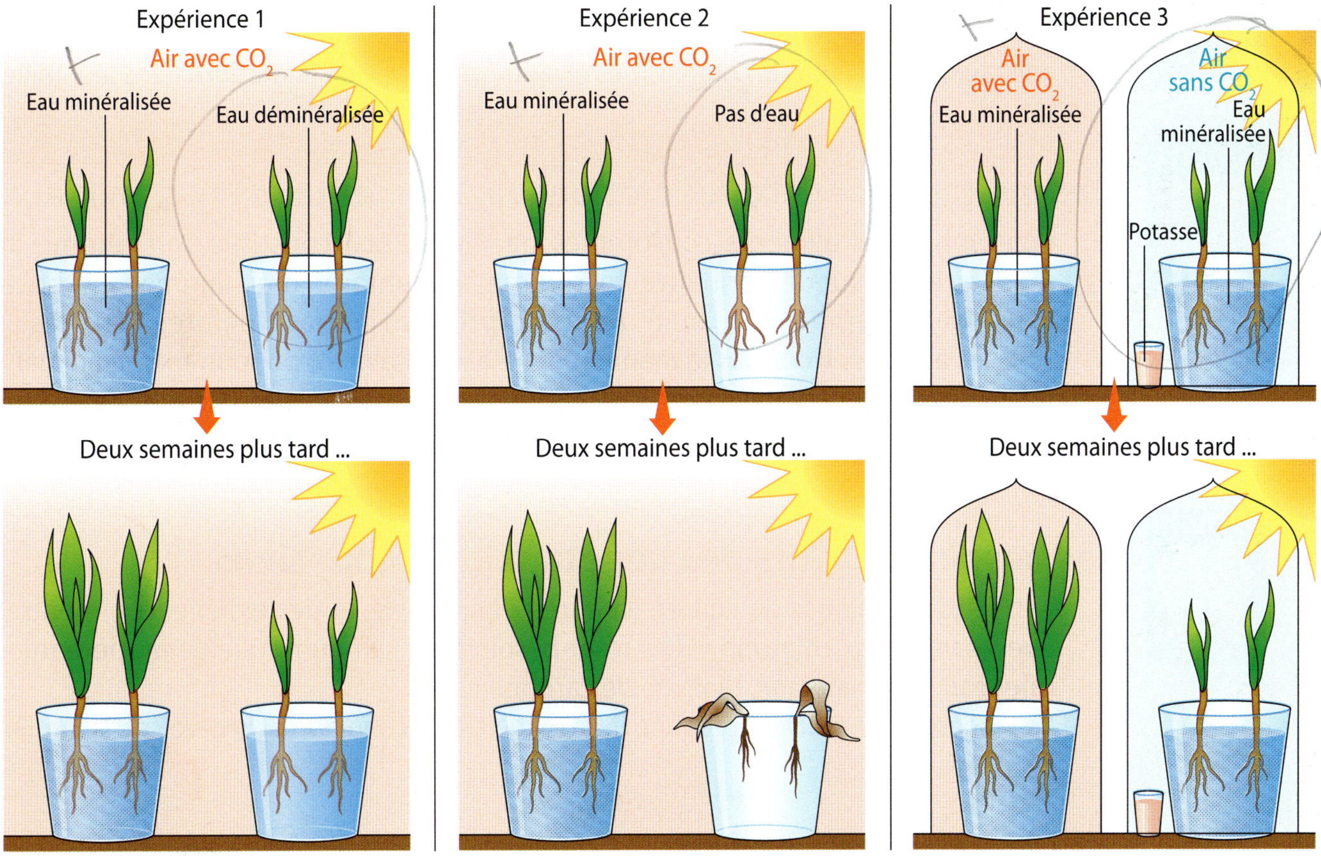

DOC 2 Une vérification méthodique des besoins nécessaires à la croissance des plantes.

Vocabulaire

- **Chlorophyllien :** qui contient de la chlorophylle, pigment responsable de la couleur verte des plantes.
- **Eau minéralisée :** eau contenant des sels minéraux dissous (par exemple des sels d'azote…).
- **Potasse :** substance qui absorbe le CO_2 (l'un des gaz présents dans l'air).

Pistes de travail

1 **Doc. 1 :** Une plante a-t-elle besoin de terre pour sa croissance ?

2 **Doc. 2 :** La lumière est-elle une condition nécessaire à la production de matière par les végétaux ? Expliquez votre réponse.

2 **Doc. 3 :** Pour chacune des expériences, comparez les résultats obtenus et indiquez ce que l'on en déduit.

Bilan : précisez quels sont les besoins nutritifs et les conditions nécessaires à la production de matière par les végétaux verts.

Le bilan des activités

Chapitre 1 La production de matière par les êtres vivants

ACTIVITÉ 1
pp. 84-85

Grandir, c'est produire de la matière

La mesure de la masse d'une souris au cours du temps, ou encore celle de la taille d'une feuille, peut mettre en évidence une croissance. Cette **croissance** est la conséquence d'une **production de matière.** C'est la raison pour laquelle on dit que tous les organismes vivants produisent de la matière : ce sont des **producteurs**.

ACTIVITÉ 2
pp. 86-87

Se nourrir pour produire sa propre matière

La croissance d'un animal dépend de ce qu'il trouve pour **se nourrir**. C'est donc bien à partir de la nourriture prélevée qu'il produit sa **propre matière**. Dans tous les cas, les animaux, comme tous les organismes vivants, **prélèvent de la matière** dans leur milieu.

ACTIVITÉ 3
pp. 88-89

Des indices pour découvrir les besoins alimentaires des animaux

L'ensemble des aliments consommés par un animal constitue son **régime alimentaire**. On peut connaître le régime alimentaire d'un animal en observant, par exemple, ce qu'il rejette après un repas (pelotes, crottes...). Tous les animaux n'ont pas le même régime alimentaire et, pour un même animal, le régime peut varier au cours des saisons. Cependant, les animaux se nourrissent toujours de matière minérale et de matière provenant d'**autres organismes vivants**.

ACTIVITÉ 4
pp. 90-91

Les besoins nutritifs des végétaux chlorophylliens

Certaines techniques de culture (cultures « hors sol »), et des expériences, montrent que les végétaux chlorophylliens n'ont besoin pour se nourrir que de **matière minérale** : eau, sels minéraux, dioxyde de carbone (CO_2).
Cependant, ils ne peuvent produire de la matière qu'à condition de recevoir de la **lumière**.

LE SOCLE COMMUN DE CONNAISSANCES ET DE COMPÉTENCES ... LE SOCLE COMMU

Je dois savoir

- Tous les êtres vivants sont des producteurs de matière.
- Tout organisme vivant produit sa propre matière à partir de celle qu'il prélève dans le milieu :
  – les animaux se nourrissent de matière provenant d'autres êtres vivants ;
  – les végétaux chlorophylliens n'ont besoin que de matière minérale (eau, sels minéraux, dioxyde de carbone).
- Les végétaux chlorophylliens ne peuvent produire de la matière qu'à condition de recevoir de la lumière.

Le schéma-bilan

Les animaux se nourrissent de matière minérale et de matière provenant d'autres êtres vivants

Les végétaux chlorophylliens n'ont besoin que de matières minérales en présence de lumière

CONNAISSANCES ET DE COMPÉTENCES ... LE SOCLE COMMUN DE CONNAISSANCES ET DE COMPÉTENCES ...

Je sais définir

- Producteur
- Régime alimentaire
- Besoins nutritifs d'un animal
- Besoins nutritifs d'un végétal chlorophyllien

Je suis capable de

- Mesurer et suivre l'évolution de la taille ou de la masse d'un être vivant pour traduire une production de matière. Construire un tableau pour présenter les résultats de mesures (activité 1).
- Formuler l'hypothèse d'une relation entre la production de matière et le prélèvement de matière dans le milieu (activité 2) et observer des indices afin d'identifier le régime alimentaire d'un animal (activité 3).
- Suivre un protocole pour mettre en évidence les besoins nutritifs d'un végétal chlorophyllien (activité 4).

Le coin des curieux

Je réalise

Suivre la croissance des phasmes

Matériel : un récipient (aquarium par exemple) ; un couvercle réalisé avec un morceau de toile grillagée ou de moustiquaire ; 3 ou 4 feuilles de papier absorbant ; un bocal ; quelques branches feuillées (ronces, lierre…) ; des phasmes.

www Pour vous procurer des phasmes, obtenir des conseils ou des plans de fabrication, vous trouverez des liens directs et contrôlés sur le site : **www.bordas-svtcollege.fr/Liens6e**

✓ Disposez les feuilles de papier absorbant humidifiées au fond du récipient (c'est là que les œufs seront déposés et incubés).

✓ Placez le bocal rempli d'eau avec les branches de nourriture disposées en bouquet.

✓ Introduisez les insectes et recouvrez (s'assurer que la toile grillagée laisse passer l'air mais pas les phasmes !).

✓ Vaporisez les branchages tous les deux jours. Renouvelez-les de temps en temps. Il est alors facile de suivre la croissance de ces insectes.

Quelle est la particularité de cette croissance ?

Énigme

Photo mystère !

C'est la Dionée, la plus célèbre des plantes carnivores ! Ses feuilles transformées en piège peuvent se refermer brutalement sur un insecte. Les plantes carnivores vivent sur des milieux pauvres en matière minérale. Elles compensent leurs besoins en capturant et digérant de petits insectes.

Ph©Paul Welan, www.biology.ie & www.lichens.ie

Sciences in English

Food Chains

All plants and animals need food.
Plants only need carbon dioxyd and mineral water. They also need light from the sun.
Animals eat other organisms: it is their food.

Look at the picture:

Make sentences in which the arrow means "is eaten by...".

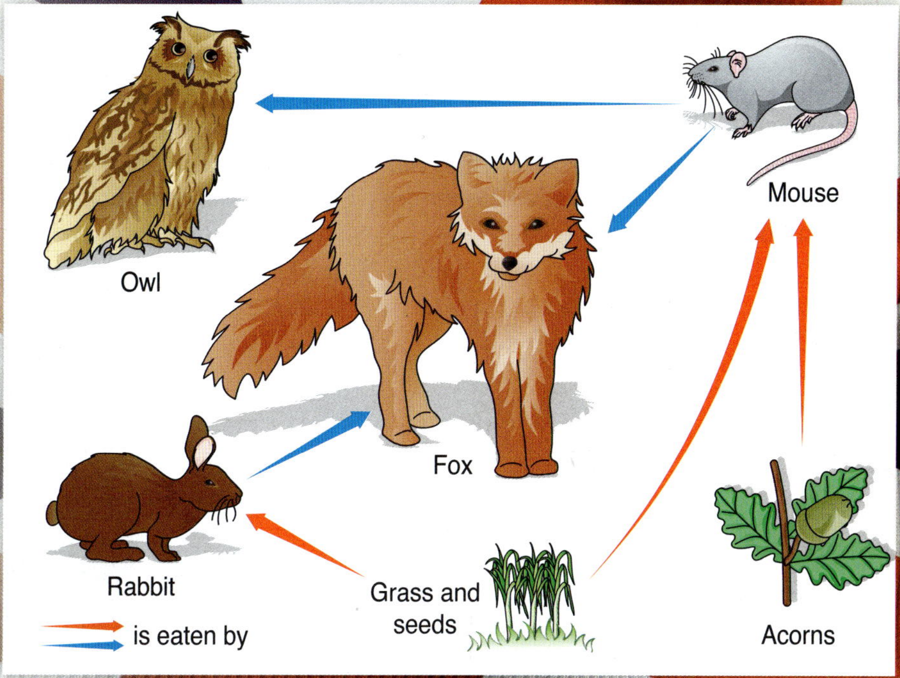

Les métiers de la sylviculture

Le sylviculteur entretient les arbres qui croissent sur un terrain forestier.

- Il effectue les plantations.
- Il protège les arbres contre le gibier.
- Il débroussaille.
- Il pratique les éclaircies.
- Il taille les arbres afin de leur permettre de croître en hauteur.

Questions à :
Julien Dumas, ouvrier sylviculteur

Pourquoi avez-vous été attiré par ce métier ?
J'aime beaucoup être dehors, me promener dans les forêts.

Quelles sont les particularités de votre métier ?
On est en contact avec la nature, ce qui apporte un certain équilibre. Cependant, c'est un métier dur physiquement.

Quel aspect de votre métier appréciez-vous le plus ?
J'aime planter de nouveaux arbres et observer le résultat quelques années après.

Exercices

J'apprends à faire un exercice

1 La croissance d'un arbre et les ressources en eau

Rechercher des informations à partir d'un graphique – raisonner

Chaque année, un arbre produit de la matière nouvelle : le tronc grossit car un nouvel anneau de bois, appelé cerne, se forme sous l'écorce. Cette production annuelle de bois est bien visible sur une coupe d'un tronc.

Les forestiers peuvent suivre cette production de bois en mesurant la croissance des troncs : ils utilisent pour cela un appareil qui mesure en continu la circonférence (périmètre) du tronc. On peut alors réaliser un graphique traduisant l'augmentation de la circonférence du tronc au cours du temps.

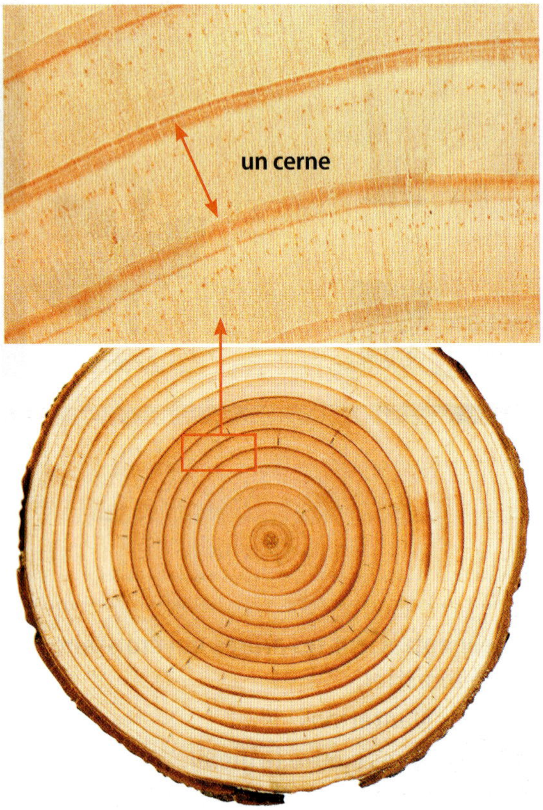

a Coupe d'un tronc de conifère (sapin de Douglas).

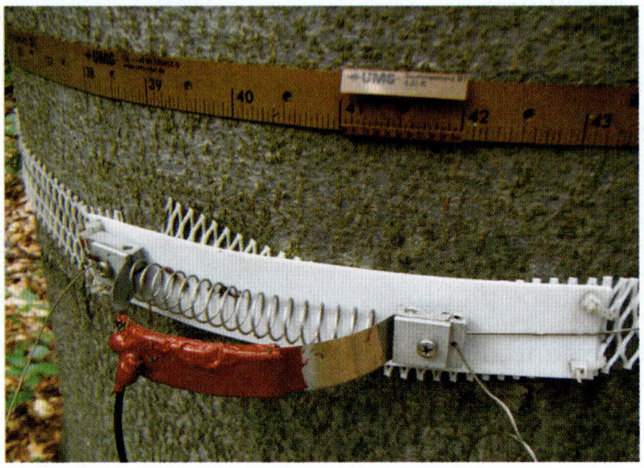

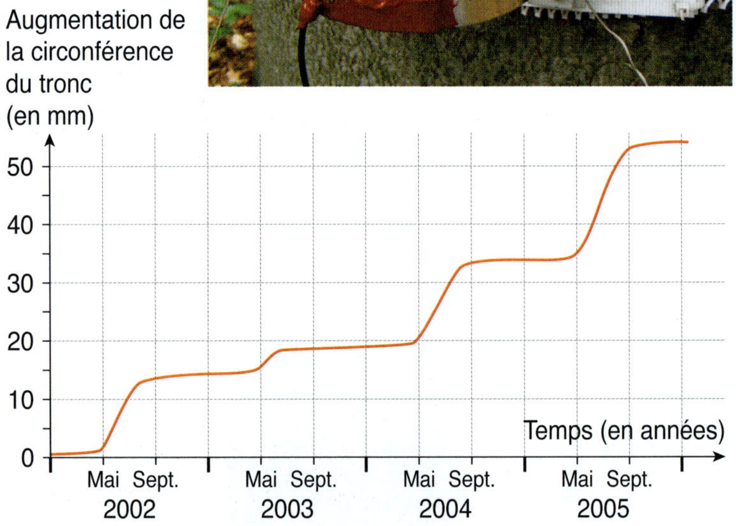

b Mesure de la circonférence d'un conifère pendant quatre années consécutives. L'année 2003 a été marquée par une forte sécheresse.

Questions

1. En utilisant la photographie de coupe du tronc, indiquez l'âge du sapin de Douglas.

2. D'après le graphique, indiquez à quelle période de l'année l'arbre produit du bois. Justifiez votre réponse.

3. Montrez que la production de bois par un arbre est dépendante des ressources en eau dans son milieu.

Pour répondre aux questions, je dois...

1. … bien **lire le texte** afin de trouver une méthode permettant de déterminer l'âge de l'arbre. Par exemple ici, le texte indique qu'un cerne correspond à la production de bois d'une année.

2. … savoir **lire les informations apportées par le graphique.** Il faut trouver à quel moment de l'année (axe des abscisses, horizontal) augmente la grandeur que l'on mesure (axe des ordonnées, vertical).

3. … **comparer dans le graphique** la croissance de l'arbre au cours des quatre années et expliquer les différences en tenant compte des informations données dans le texte et de ce que je sais sur les besoins nutritifs des plantes.

Pour vérifier, vous pouvez comparer vos réponses à la solution page 208.

Je teste mes connaissances

2 Vrai ou faux ?

Repérez les affirmations exactes. Corrigez ensuite celles qui sont inexactes.

a. La croissance d'un être vivant montre qu'il produit de la matière.

b. Pour produire sa propre matière, un animal doit nécessairement se nourrir de matière animale.

c. Une pelote de réjection permet de déterminer le régime alimentaire d'un rapace.

d. Les végétaux chlorophylliens poussent aussi bien à la lumière qu'à l'obscurité.

e. Les végétaux chlorophylliens puisent tous les aliments dont ils ont besoin dans la terre.

3 Questions à réponses courtes

a. Comment peut-on se rendre compte qu'un être vivant produit de la matière ?

b. Quels sont les besoins nutritifs des animaux ?

c. Quels sont les besoins nutritifs des végétaux chlorophylliens ?

d. Pourquoi ne trouve-t-on pas de végétaux chlorophylliens dans les grottes ?

4 Trouvez le mot caché

Recopiez la grille ci-dessous puis complétez-la à partir des définitions.

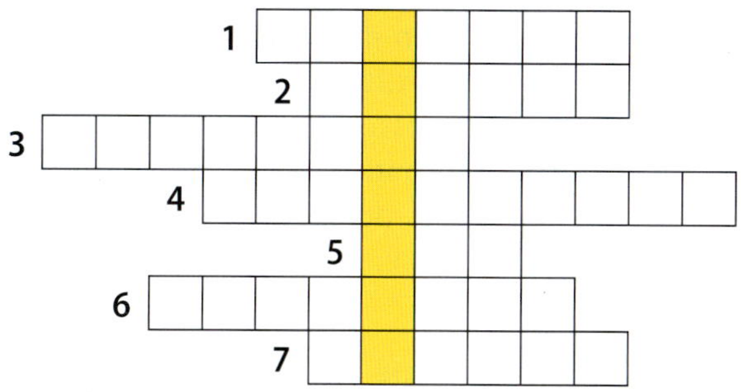

1. Elle est indispensable à la croissance des plantes.
2. Son augmentation est un bon indice d'une production de matière.
3. Tous les animaux en ont besoin et les prélèvent dans leur milieu.
4. Augmentation de la taille et de la masse.
5. Elle est indispensable aux plantes mais aussi aux animaux.
6. Un type d'éléments que les plantes absorbent avec leurs racines.
7. Elle est rejetée par les rapaces après leur repas.

Définissez le mot caché.

J'utilise mes connaissances

5 Des poissons pédicures !

Extraire l'information utile d'un texte

L'histoire raconte qu'au début du XXe siècle en Turquie, un berger aux pieds blessés aurait été guéri après s'être baigné dans l'eau des sources chaudes de sa région. On découvre alors que ces sources abritent un petit poisson de couleur brune, nommé *Garra rufa* !

Le *Garra rufa* vit dans les rivières et les fleuves du Moyen-Orient. Sa taille peut atteindre 14 centimètres dans son milieu naturel et ne dépasse pas 10 centimètres lorsqu'il vit en aquarium. Ce poisson de nature paisible vit en groupe et se nourrit de petits organismes animaux et végétaux qu'il trouve sur le fond des cours d'eau. On a constaté avec surprise qu'il peut même consommer de petits morceaux de peau morte prélevés sur les mains ou les pieds des baigneurs ! Il est ainsi devenu la star des salons de beauté en participant aux séances de « fish pédicure » !

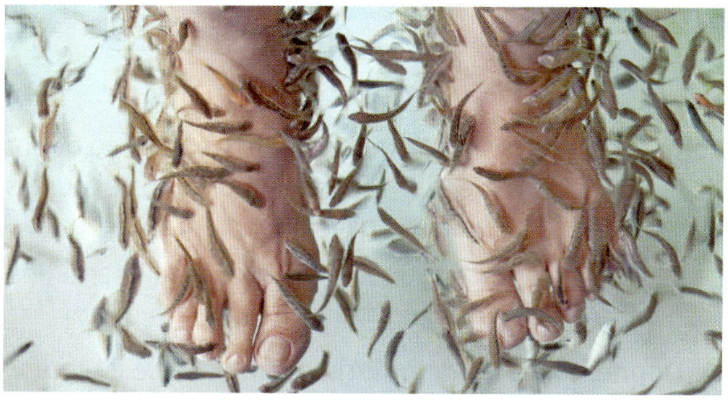

1. **Identifiez, dans le texte, les aliments qui permettent aux *Garra rufa* de fabriquer leur matière en milieu naturel.**

2. **Montrez que la technique de « fish pédicure » présente un intérêt à la fois pour le *Garra rufa* et pour l'Homme.**

Exercices

6 Le régime alimentaire du hérisson d'Europe

Rechercher des informations, communiquer par un texte

Le hérisson d'Europe est un animal nocturne : on peut le rencontrer de nuit, dans toute l'Europe. Il repère sa nourriture grâce à son odorat.

La présence d'un hérisson dans un jardin est révélée par les crottes qu'il laisse. Les crottes de hérisson sont noires et brillantes. Elles contiennent souvent des élytres (ailes dures de certains insectes) et autres débris d'insectes.

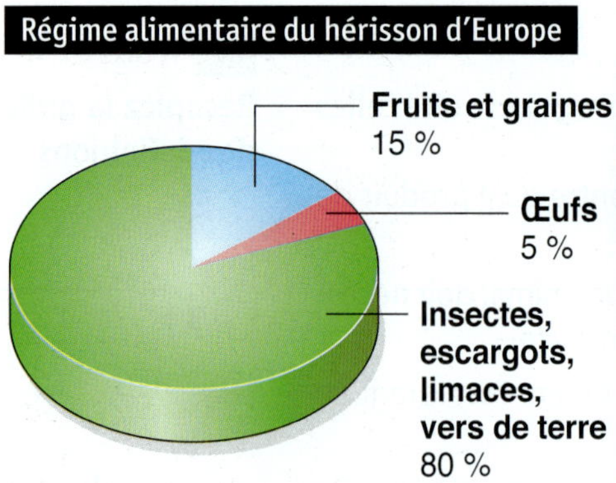

Crotte de hérisson

1. Rédigez une phrase pour expliquer ce qu'est un régime alimentaire.

2. Indiquez comment les biologistes peuvent connaître le régime alimentaire d'un hérisson.

3. Utilisez le diagramme pour décrire le régime alimentaire d'un hérisson d'Europe. Quels aliments sont consommés en plus grande quantité ?

7 La production de matière par un nourrisson

Rechercher des informations à partir d'un tableau, raisonner

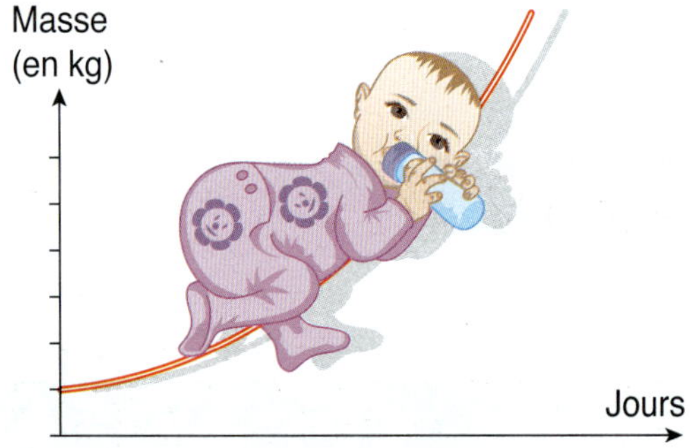

Comme tous les mammifères, un bébé se nourrit au début de sa vie exclusivement de lait. Celui-ci lui apporte tous les éléments nécessaires à son développement.

Le tableau ci-contre traduit la croissance et l'alimentation d'un bébé humain de la naissance à 3 mois.

1. Donnez la masse du nourrisson au bout de 21 jours.

2. Quel est l'âge du nourrisson quand il mesure 56 cm ?

3. Qu'est-ce qui permet d'affirmer que le bébé produit de la matière ?

4. Montrez que plus le bébé consomme de lait plus il grandit.

Âge (jours)	Masse (en kg)	Taille (en cm)	Lait consommé (en g par jour)
0	3,720	50,0	0
7	3,730	50,5	480
14	3,780	51,0	480
21	3,820	51,5	540
28	3,890	52,0	540
35	3,930	53,0	580
42	4,210	54,0	580
49	4,380	55,0	600
56	4,790	56,0	600
63	5,120	57,0	620
70	5,270	57,5	660
77	5,400	58,0	700
84	5,600	59,0	780

8 Des aliments naturellement partagés

Extraire l'information utile d'un texte

Il existe des relations entre les fourmis et les plantes tout à fait particulières ! Les fourmis *Camponotus schmitzi,* par exemple, réussissent à tirer profit d'une plante carnivore *Nepenthes bicalcarata* : elles se nourrissent de son nectar, liquide sucré remplissant les feuilles en forme d'urnes, ainsi que d'insectes qui s'y sont noyés. En échange, la plante peut profiter des éléments nutritifs contenus dans les excréments des fourmis et parfois même de leur cadavre !

1. Identifiez le régime alimentaire des fourmis *Camponotus schmitzi*.

2. Expliquez pourquoi on qualifie cette plante de carnivore.

Feuille en forme d'urne de *Nepenthes bicalcarata,* plante carnivore de l'île de Bornéo.

Fourmis *Camponotus schmitzi* allant chercher une larve de mouche dans l'urne de la plante carnivore.

9 Se préparer à l'hibernation

Extraire l'information utile d'un texte, d'une photographie, d'un graphique - Raisonner en mettant en relation des informations

Marmotte de printemps, marmotte d'automne

Marmotte sortant d'hibernation au mois de mars…

… et la même, au mois d'octobre suivant, prête à hiberner à nouveau.

Évolution de la masse d'une marmotte sur une durée de deux ans.

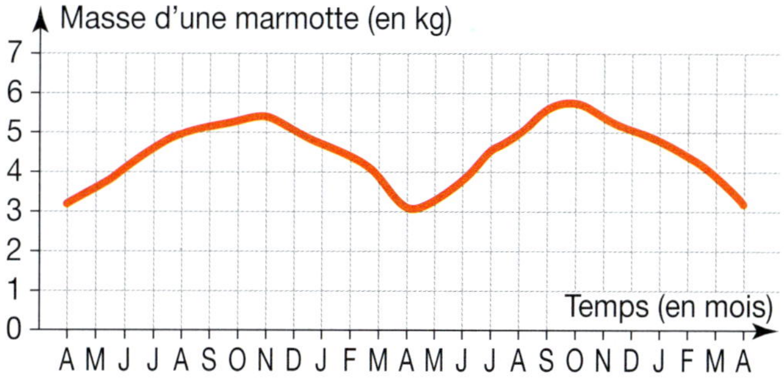

La marmotte des Alpes hiberne six mois par an. Pour survivre durant la période froide de l'année, elle doit se constituer des réserves de graisse.
Lorsqu'elle est active, elle ne se nourrit pratiquement que de végétaux, sans aucune modération :
– au début du printemps, elle mange de l'herbe puis, lorsque les pelouses alpines fleurissent, elle consomme de grande quantité de fleurs et de bourgeons floraux ;
– en été, elle ajoute à son régime alimentaire des baies, des bulbes, des racines et même des vers de terre, des larves d'insectes ou des sauterelles lorsqu'elle en trouve.
En six mois, avec 400 à 500 g de nourriture à chaque repas, elle double presque son poids !

1. Décrivez l'aspect physique de la marmotte avant et après hibernation.

2. À partir du texte, précisez la période de l'année durant laquelle la marmotte s'alimente.

3. D'après le graphique et la réponse à la question précédente, montrez la relation entre l'alimentation de la marmotte et sa production de matière.

Tâche complexe

J'apprends à résoudre un problème… en m'organisant tout seul

10 Des relations alimentaires dans l'océan Arctique

SITUATION PROBLÈME

L'Arctique est un océan gelé sur une grande partie de sa surface, ce qui forme la banquise. On y observe des espèces adaptées à un milieu où les conditions de vie sont rudes et où la nourriture semble rare. J-L Etienne, explorateur français connu pour ses expéditions dans ce territoire, explique qu'il y existe, des algues aux ours blancs, des relations alimentaires organisées comme une « chaîne de la vie ». Quelle est cette « chaîne de la vie » ?

CONSIGNE DE TRAVAIL

Construisez la chaîne alimentaire de l'océan Arctique décrite dans les documents.

DOC 1 La vie dans l'océan Arctique.

a Algues microscopiques.

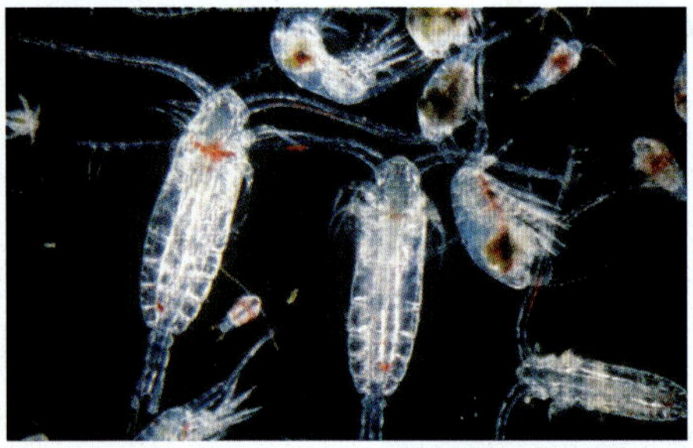

b Copépodes.

c Ours blanc mangeant un phoque.

Dans l'eau de mer, même au contact de la glace, se développent des algues microscopiques (a) qui servent de nourriture à de petits animaux comme les copépodes (b). Ils attirent à leur tour des poissons, proies préférées des phoques. Ces derniers constituent le repas des ours blancs (c).

DOC 2 Contenu de l'estomac des phoques.

L'analyse du contenu de l'estomac d'une espèce est un moyen classique de déterminer son régime alimentaire. Dans l'estomac des phoques, on peut trouver des otolithes, minuscules « cailloux » calcaires présents dans l'oreille interne des poissons qui sont particulièrement résistants à la digestion.
Dans le cadre d'un programme de recherche canadien, des scientifiques ont analysé depuis 1979, le contenu de 10 000 estomacs de phoques. Ils y ont retrouvé un grand nombre d'otolithes appartenant, pour la plupart, à des morues et ont ainsi montré que les phoques se nourrissent de ces poissons.

Otolithes de morues.

COUP DE POUCE

1. **Si j'ai besoin d'aide pour démarrer :**
   → je recherche tous les aliments mangés par les différents organismes vivants, les uns après les autres ;
   ou
   → je recherche tous les organismes vivants qui mangent un aliment donné, les uns après les autres.
2. **Si j'ai besoin d'aide pour construire ma réponse :**
   → je note le nom des êtres vivants ou des aliments, une seule fois, puis je les relie par des flèches « X → Y » signifiant « X est mangé par Y ».
   → je donne un titre et je légende en précisant la signification de la flèche.
3. **Si j'ai besoin d'aide pour me rappeler de la définition de « régime alimentaire »**
   → je consulte le lexique page 89.

Chapitre 2

La transformation de la matière dans le sol

Sur le sol d'une forêt à l'automne.

Le sol est un milieu dans lequel la matière provenant des êtres vivants est transformée et où les végétaux puisent leurs éléments nutritifs.

Comment la matière vivante est-elle transformée dans le sol ?

ACTIVITÉ 1

Le devenir de la matière des êtres vivants

Sur le sol d'une forêt se déposent chaque année les feuilles mortes, des débris divers, les cadavres des animaux.

Que deviennent les restes des êtres vivants ?

A Des observations dans un sous-bois

a Dans la **litière** d'un sol forestier, on peut observer…

b … des feuilles plus ou moins décomposées

c … du bois mort

d … parfois même des restes d'animaux.

DOC 1 Le sol est un milieu dans lequel se décompose la matière des êtres vivants.

B Les étapes de la décomposition d'une feuille

DOC 2 La décomposition d'une feuille dans le sol est un phénomène dont la durée est variable selon la nature de la feuille mais aussi en fonction des conditions du milieu, température et humidité par exemple.

Vocabulaire

- **Litière :** partie superficielle d'un sol forestier, formée de feuilles mortes et de débris végétaux et animaux en décomposition.

Pistes de travail

1 Doc. 1 et 2 : Relevez des indices d'une transformation de la matière des êtres vivants dans le sol.

2 Doc. 2 : Décrivez les étapes de la décomposition d'une feuille.

3 Doc. 1 et 2 : Proposez des hypothèses sur les causes possibles de la décomposition de la matière des êtres vivants dans le sol.

Bilan : indiquez le devenir de la matière des êtres vivant dans le sol d'une forêt.

ACTIVITÉ 2

Le sol abrite de nombreux êtres vivants

Une étude attentive de ce qui se passe dans un sol permet de découvrir une multitude d'êtres vivants peuplant ce milieu.

Quels sont les êtres vivants du sol ? Comment peut-on les observer ?

A Des observations sur le terrain

1 m² de sol : 300 géophiles ou autres « mille-pattes ».

1 m² de sol : 200 cloportes.

1 m² de sol : des kilomètres de mycélium de champignon !

DOC 1 En surface, il est facile d'observer à l'œil nu des êtres vivants dans la litière d'un sol.

Étonnant !

Dans un sol, le nombre de lombrics peut atteindre 2 500 000 à l'hectare. Si l'on admet qu'un lombric pèse 0,5 g, cela fait 1,2 tonne de lombrics par hectare !

Les lombrics vivent en général à plus de 10 cm de profondeur : ils creusent des galeries, ingèrent et rejettent des quantités énormes de terre.

Ce sont de véritables « laboureurs biologiques » qui brassent le sol, mélangeant les feuilles mortes à la terre.

DOC 2 Plus en profondeur, en creusant un peu, on observe fréquemment des lombrics.

B Des observations à réaliser en classe

J'observe

- Observez à l'œil nu les êtres vivants extraits de la litière à l'aide du dispositif ci-dessous.
- Utilisez une loupe binoculaire pour mieux observer les organismes les plus gros.
- Utilisez un microscope pour observer les êtres vivants plus petits (parfois invisibles à l'œil nu).

1 m² de sol : 300 araignées et pseudoscorpions

1 m² de sol : 200 000 insectes et collemboles

Un dispositif simple, l'appareil de Berlèze, permet de récolter les êtres vivants de la litière qui ont comme caractéristique comportementale de fuir la lumière.

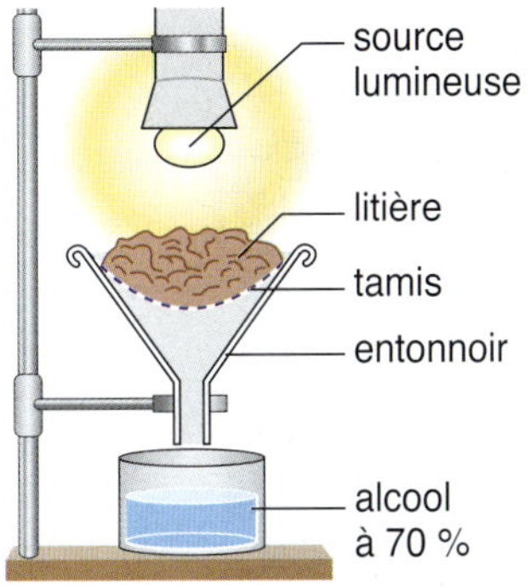

1 m² de sol : 400 000 acariens

DOC 3 Certains êtres vivants du sol sont très petits : on peut les récolter afin de les observer à la loupe binoculaire et au microscope.

Vocabulaire

- **Mycélium :** filaments très fins, souvent blanchâtres, qui constituent les champignons.
- **Lombric :** nom scientifique du « ver de terre ».

Pistes de travail

1 Doc. 1 et 3 : À l'aide des photographies de cette double page, identifiez certains êtres vivants récoltés dans la litière (photographie d du Doc. 3).

2 Doc. 1 à 3 : Calculez la taille réelle des animaux présentés.

Bilan : indiquez ce qui caractérise les organismes vivant dans le sol et précisez quels outils permettent de les observer.

ACTIVITÉ 3

Le rôle des êtres vivants dans la décomposition de la matière

Dans le sol, la matière des êtres vivants est décomposée. Par ailleurs, le sol abrite de nombreux êtres vivants.

Ces derniers ont-ils un rôle dans la décomposition de la matière des êtres vivants?

A Des études expérimentales

Résultats observés quelques mois plus tard

a Bocal avec litière et êtres vivants du sol (lombrics).

b Bocal avec litière sans êtres vivants.

Je manipule

- Remplissez deux bocaux avec de la litière (feuilles mortes non décomposées) et un peu de terre.
- Chauffez l'un des deux bocaux, de façon à éliminer tous les êtres vivants.
- Fermez les deux bocaux avec un film transparent.
- Observez chaque semaine les deux pots et notez vos observations.

DOC 1 Une expérience de décomposition des feuilles de la litière en laboratoire.

J'interprète une expérience

- Deux filets contenant des feuilles mortes sont placés à la fin de l'été dans un sol.
- Les mailles du premier filet font 7 mm : elles laissent passer les vers de terre.
- Les mailles du deuxième filet sont plus petites (0,5 mm), de telle sorte que les vers de terre ne peuvent pas entrer dans le filet.
- 6 mois après, on évalue le pourcentage de feuilles décomposées.

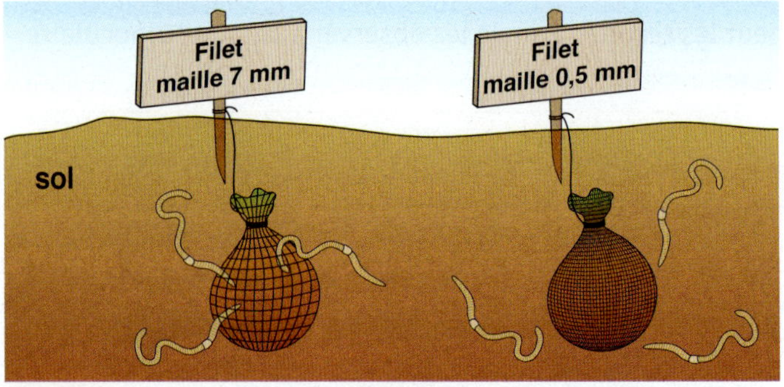

Évaluation du pourcentage de feuilles décomposées au bout de 6 mois

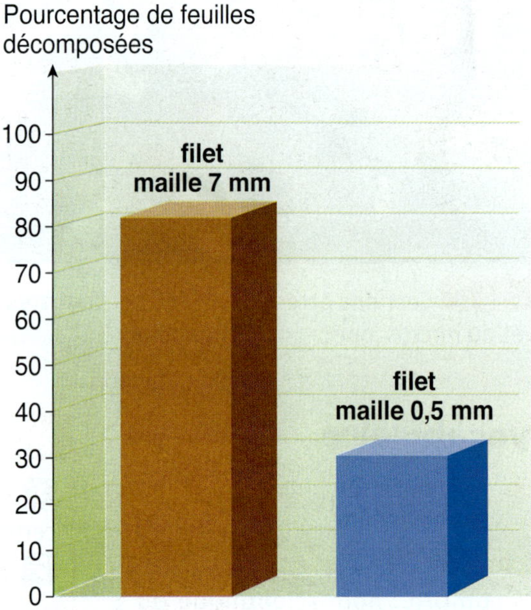

DOC 2 Une expérience réalisée sur le terrain.

B Les relations alimentaires entre les êtres vivants du sol

Acarien trombidion dévorant un cadavre.

Pseudoscorpion et sa proie.

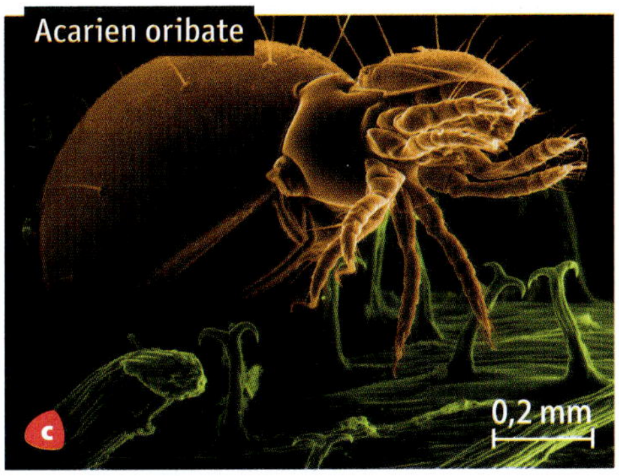

Acarien oribate se nourrissant sur une feuille morte.

Être vivant	Régime alimentaire
Collembole	Débris végétaux, mycélium
Acarien oribate	Débris végétaux
Acarien trombidion	Autres acariens, collemboles, débris végétaux
Pseudoscorpion	Collemboles, acariens, insectes
Géophile	Collemboles, lombrics
Lombric	Feuilles de la litière
Mycélium de champignon	Feuilles de la litière

Collembole se nourrissant de mycélium.

Le mycélium des champignons se développe en puisant la matière de la feuille.

DOC 3 Les êtres vivants du sol dépendent les uns des autres pour leur nourriture.

Pistes de travail

1 Doc. 1 : Comparez les résultats obtenus dans les deux bocaux. Que peut-on en déduire ?

2 Doc. 2 : Que montre cette expérience ? Quel rôle pouvez-vous attribuer aux lombrics ?

3 Doc. 3 : Réalisez un schéma des relations alimentaires existant dans le sol en respectant les conventions (voir coups de pouce, page 100).

Bilan : expliquez le rôle joué par les êtres vivants du sol dans la transformation de la matière des êtres vivants.

Le sol : un milieu riche en matières minérales

Le sol n'est pas seulement un milieu qui abrite de multiples êtres vivants. C'est aussi là que les plantes puisent l'eau et des éléments minéraux nécessaires à leur croissance.

Quelle est l'origine de la matière minérale du sol disponible pour les plantes ?

A Un enrichissement en matières minérales

- L'azote est l'une des principales matières minérales que les plantes puisent dans le sol. Il est d'ailleurs souvent apporté sous forme d'**engrais**.
- Le **graphique ci-contre** compare l'évolution de la quantité d'azote dans deux parcelles d'un sol :

– dans la **parcelle 1** : l'herbe qui poussait sur le champ est laissée et se décompose sur place ;

– dans la **parcelle 2** : l'herbe a été récoltée puis éliminée.

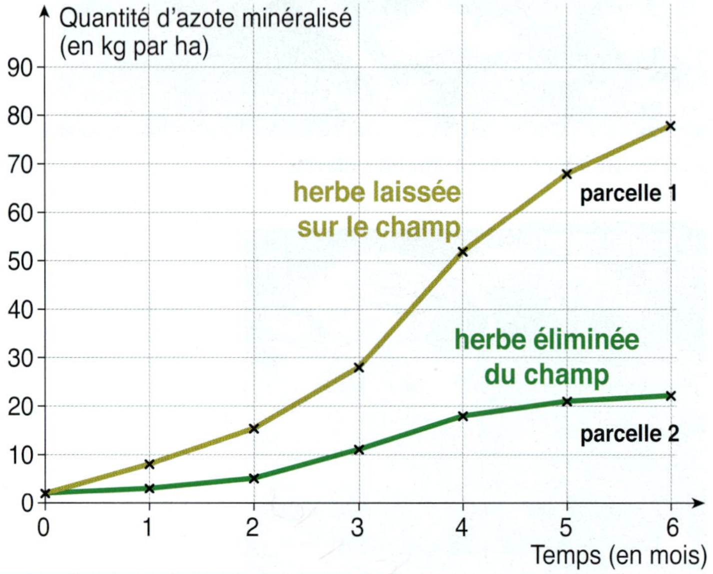

DOC 1 Évolution de la quantité d'azote dans deux parcelles d'un sol en fonction du temps.

Les lombrics ingèrent de la terre, fractionnent et digèrent la matière en décomposition qu'elle contient, puis rejettent la terre ingérée sous forme de turricules visibles à la surface du sol. Ces derniers constituent d'excellents engrais qui enrichissent la terre en matières minérales.

Comparaison de la quantité de matière minérale dans la terre ingérée et dans les turricules.

	Pourcentage dans le sol de surface	Pourcentage dans les turricules de vers de terre
Calcium	19,90	27,90
Magnésium	1,62	4,92
Azote	0,04	0,22
Phosphore	0,09	3,58

On estime qu'**1 hectare de sol** comprend en moyenne **1 tonne de lombrics**, ingérant jusqu'à **250 tonnes de terre** par an.

DOC 2 Les déjections des lombrics : une source importante de matières minérales.

B Un ensemble complexe

DOC 3 Une coupe de sol et de sous-sol.

Vocabulaire

- **Engrais :** substances que l'on met dans la terre pour que les plantes poussent mieux.
- **Humus :** matière sombre du sol, provenant de la décomposition de la matière des êtres vivants.

Pistes de travail

1 Doc. 1 : Comparez l'évolution de la teneur en azote dans les deux parcelles. Proposez une explication.

2 Doc. 2 : Expliquez pourquoi on peut dire que les lombrics enrichissent le sol en matières minérales, à partir de ce qu'ils consomment.

3 Doc. 3 : Comparez l'aspect des roches présentes dans le sous-sol et dans le sol au-dessus. Quelle autre origine peut avoir la matière minérale du sol ?

Bilan : dites quelle est l'origine de la matière minérale du sol.

Le bilan des activités

Chapitre 2 La transformation de la matière dans le sol

ACTIVITÉ 1
pp. 102-103

Le devenir de la matière des êtres vivants

Dans la litière d'un sous-bois, on peut observer des **restes d'animaux et de végétaux** plus ou moins reconnaissables. Ils se sont progressivement dégradés au cours du temps : c'est ce qu'on appelle la **décomposition** de la matière des êtres vivants.

ACTIVITÉ 2
pp. 104-105

Le sol abrite de nombreux êtres vivants

De très nombreux organismes vivent dans la litière ou plus en profondeur dans le sol. Ces êtres vivants, souvent de **très petite taille**, peuvent être récoltés puis observés : ce sont des **animaux** et des **champignons**.

ACTIVITÉ 3
pp. 106-107

Le rôle des êtres vivants dans la décomposition de la matière

Des expériences démontrent que les êtres vivants du sol **fragmentent** et **transforment** les restes d'organismes vivants : les êtres vivants du sol sont des **décomposeurs**. Les êtres vivants du sol se nourrissent les uns des autres. Ces relations constituent un **réseau alimentaire** qui participe à la décomposition de la matière.

ACTIVITÉ 4
pp. 108-109

Le sol : un milieu riche en matières minérales

Le sol est un ensemble complexe constitué de **couches superposées** : litière, humus, zone riche en débris rocheux.
Le sol s'enrichit en **matières minérales** qui ont des origines différentes :
– une partie de la matière minérale provient de la décomposition de la matière des êtres vivants ;
– une autre partie de la matière minérale du sol provient de la **dégradation des roches du sous-sol**.

LE SOCLE COMMUN DE CONNAISSANCES ET DE COMPÉTENCES ... LE SOCLE COMM

Je dois savoir

- Le sol abrite des êtres vivants qui dépendent les uns des autres pour se nourrir.
- À travers des réseaux alimentaires, les êtres vivants du sol transforment la matière des restes d'organismes vivants en matière minérale : ce sont des décomposeurs.
- Le sol est composé :
  – d'êtres vivants souvent de petite taille ou microscopiques et de restes d'organismes vivants en cours de décomposition ;
  – de matière minérale provenant de la décomposition des restes d'organismes vivants et des roches du sous-sol.

Le schéma-bilan

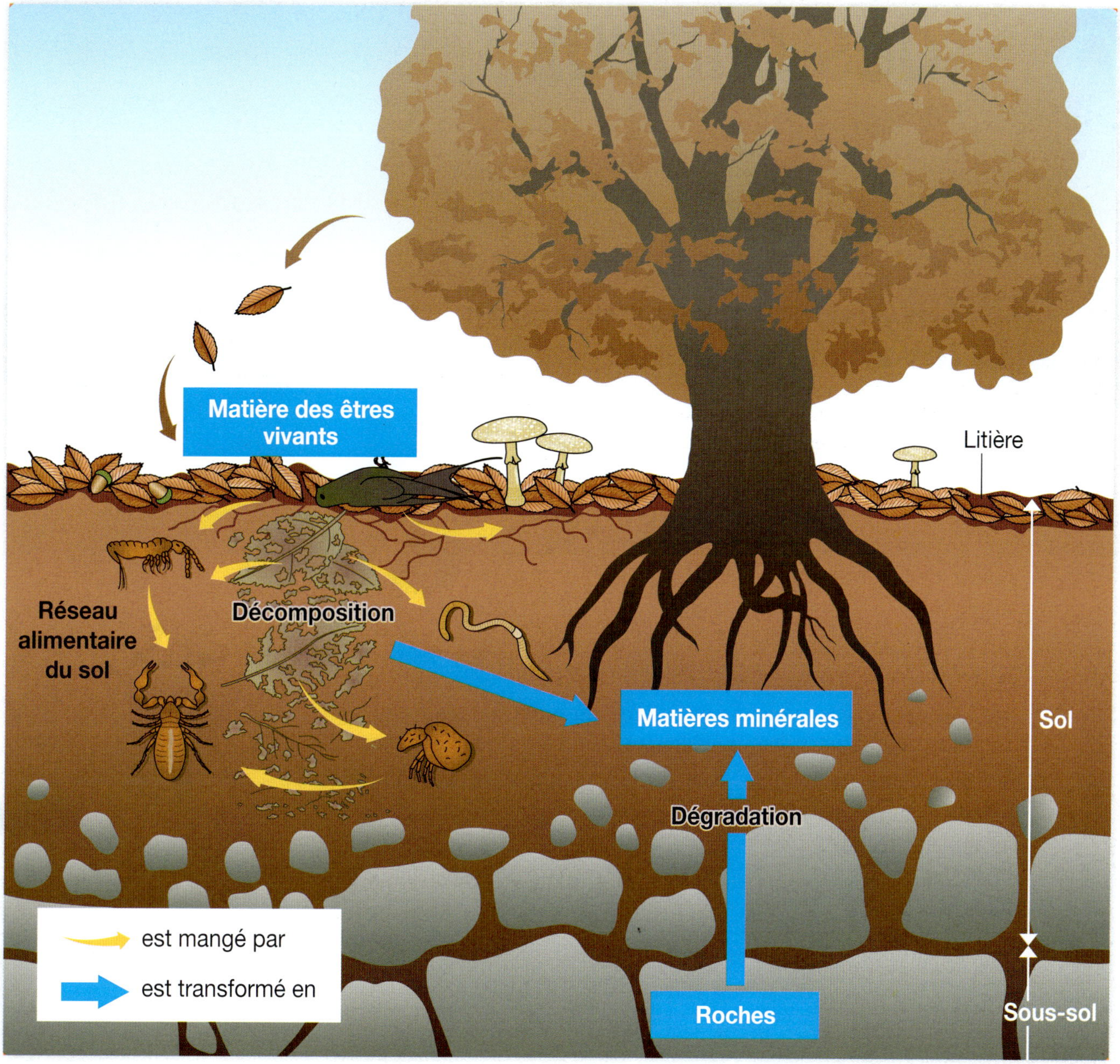

E CONNAISSANCES ET DE COMPÉTENCES ... LE SOCLE COMMUN DE CONNAISSANCES ET DE COMPÉTENCES ...

Je sais définir

- Décomposition
- Décomposeur
- Réseau alimentaire
- Sol

Je suis capable de

- Observer des restes d'êtres vivants plus ou moins dégradés pour définir la décomposition de la matière des êtres vivants (activité 1).
- Observer à la loupe ou au microscope des êtres vivants de la litière pour en identifier quelques-uns (activité 2).
- Construire un schéma pour traduire les relations alimentaires dans le sol (activité 3).
- Utiliser une loupe pour reconnaître les composantes d'un sol (activité 4).

Le coin des curieux

Je réalise

Un dispositif pour récolter les animaux du sol

Matériel : un bocal ; un entonnoir ; une passoire ; une lampe articulée ; une soucoupe ; une loupe.

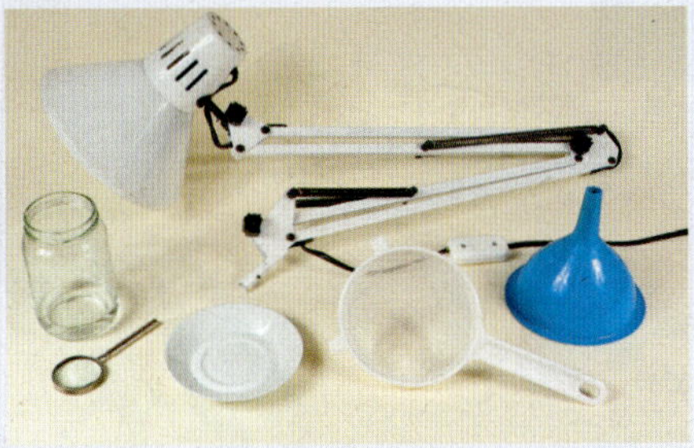

- ✓ Placez l'entonnoir sur le bocal.
- ✓ Versez une petite quantité de terre dans la passoire et disposez-la sur l'entonnoir.
- ✓ Installez la lampe à quelques centimètres au-dessus : les animaux présents dans la terre fuient la chaleur et la lumière et tombent dans le bocal.
- ✓ Au bout d'une heure environ, éteignez la lampe et observez à la loupe les animaux récoltés.

Vous pouvez recommencer l'expérience en utilisant de la terre venant d'un autre endroit.

Quelles différences constatez-vous ?

Énigme

Photo mystère !

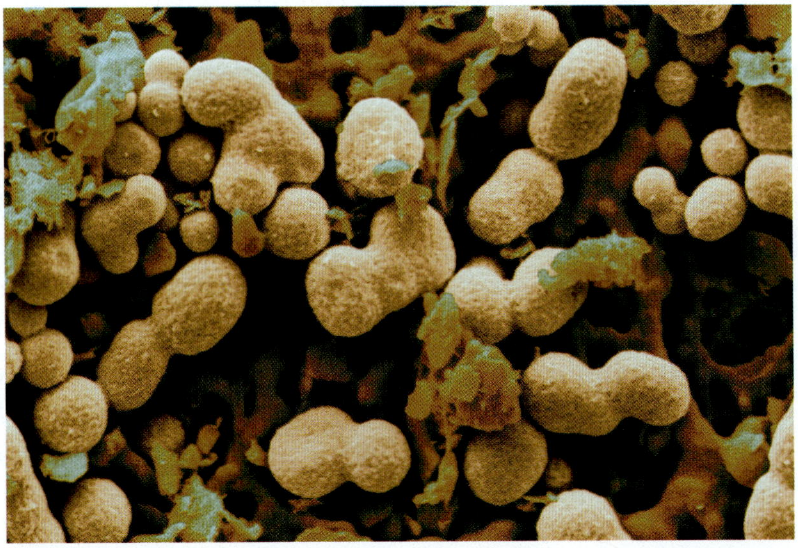

Il s'agit de **cellules de champignons dans un compost** (grossies 4 000 fois au microscope électro-nique). Le compostage consiste à entasser des déchets végétaux : feuilles mortes, épluchures de fruits et légumes, etc. Cette matière est progressivement transformée en « compost », riche en matière minérale et qui peut servir d'engrais. Les champignons contribuent pour une large part à ce compostage.

Le coin des curieux

Informatique-Internet

Un logiciel pour identifier les animaux du sol

Le logiciel « Phylogenia » (téléchargeable sur le site SVT de l'académie de Versailles) présente de nombreux exercices interactifs de tri et de classification des êtres vivants rencontrés dans l'environnement proche. Il propose notamment une activité de détermination des animaux de la litière.

WWW Pour télécharger « Phylogenia », vous trouverez un lien direct et contrôlé sur le site :
www.bordas-svtcollege.fr/Liens6e

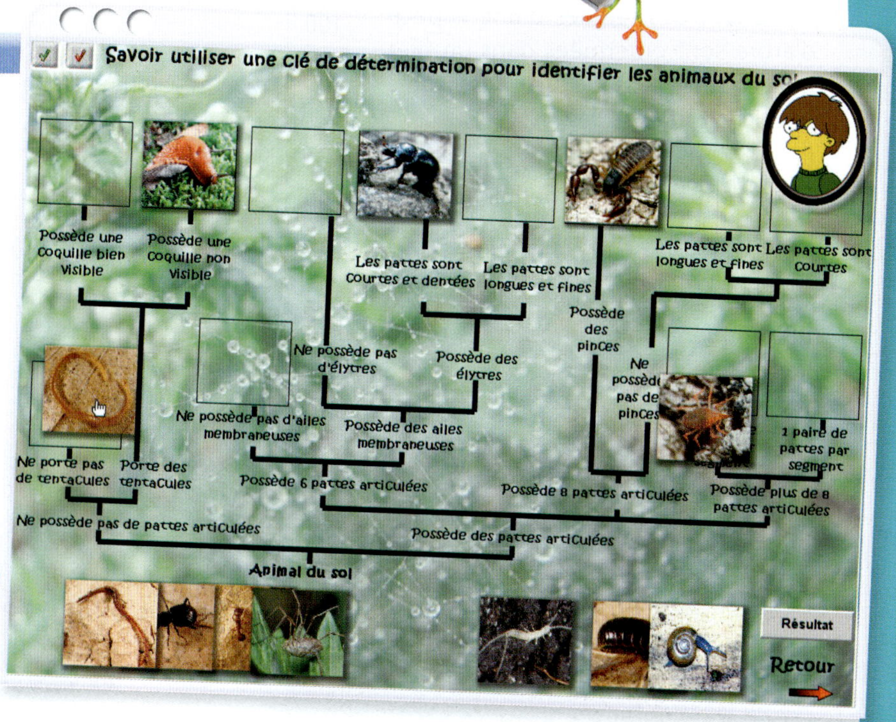

Les métiers des sciences du sol

Les sols font l'objet d'études menées par un géologue spécialisé, le pédologue. Qu'il soit technicien, ingénieur ou chercheur, son travail se déroule d'abord sur le terrain, où il prélève des échantillons, puis en laboratoire pour les analyser d'un point de vue physique, chimique et biologique.

Questions à :
Jose de Sousa, pédologue

Qu'aimez-vous dans ce métier ?
C'est un métier qui offre la possibilité de voyager, nous parcourons le monde pour étudier la diversité des sols.

Est-ce un métier d'avenir ?
Oui, car il s'agit d'un métier de l'environnement. La connaissance du sol permet de tirer la sonnette d'alarme sur les pollutions par les déchets des activités humaines, il permet aussi de se prononcer sur l'impact des projets d'aménagement.

Exercices

J'apprends à faire un exercice

1 Une décomposition plus ou moins rapide

Rechercher des informations à partir d'un graphique – exploiter des résultats

Des chercheurs ont réalisé l'expérience suivante : des feuilles d'une espèce d'arbre sont enfermées dans un filet qui permet le passage des êtres vivants du sol de toutes tailles.

Le sac est laissé sur le sol durant une année entière et les chercheurs évaluent régulièrement le pourcentage de disparition des feuilles. L'expérience est réalisée pour deux espèces d'arbres. Le **graphique ci-contre** traduit les résultats obtenus.

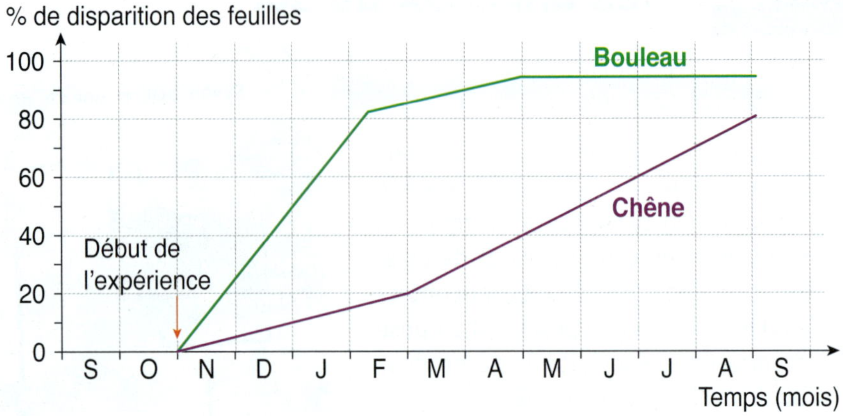

Questions

1. Indiquez, pour chaque espèce d'arbre, le pourcentage de disparition des feuilles au début du mois d'avril.

2. Indiquez, pour chaque espèce d'arbre, au bout de combien de temps on obtient 50 % de disparition des feuilles dans les filets.

3. Que pouvez-vous conclure de cette expérience de disparition des feuilles ?

Pour vérifier, vous pouvez comparer vos réponses à la solution page 208.

Pour répondre aux questions, je dois…

1. … bien identifier à quoi correspondent les deux axes du graphique. Repérer le mois d'avril et tracer des repères (ou poser une règle) partant des axes et coupant les courbes pour faciliter la lecture.

2. … repérer la « ligne » des 50 % et rechercher à quel endroit elle coupe les courbes puis calculer le temps écoulé depuis le début de l'expérience.

3. … comparer les résultats expérimentaux pour chaque espèce d'arbre (% de disparition de feuilles et temps nécessaire). Relier l'action des êtres vivants du sol et la nature des feuilles.

Voir aussi le Guide pratique, page 195.

Je teste mes connaissances

2 Vrai ou faux ?

Repérez les affirmations exactes. Corrigez ensuite celles qui sont inexactes.

a. Dans le sol, la matière des organismes vivants est transformée en matière minérale.

b. D'année en année, les feuilles se déposent sur le sol et l'épaisseur de la litière augmente.

c. Les roches du sous-sol enrichissent le sol en matière minérale.

d. L'humus est l'un des principaux animaux de la litière.

e. Les lombrics assurent le brassage du sol.

f. Les êtres vivants du sol vivent indépendamment les uns des autres.

3 Créez une phrase

Faites une phrase à partir des mots suivants pour retrouver une notion importante.

a. Litière ; accumulation ; feuilles mortes ; sol.

b. Humus ; décomposition ; matière des êtres vivants.

c. Décomposition ; matière des êtres vivants ; réseau alimentaire.

d. Décomposeurs ; transformation ; matière des êtres vivants.

4 Légendez une image

Indiquez ce qui constitue les zones ⓐ, ⓑ, ⓒ et ⓓ.

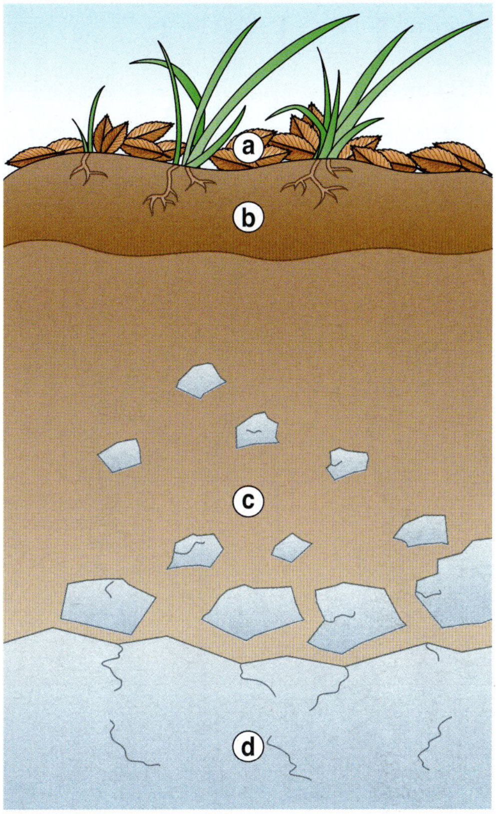

J'utilise mes connaissances

5 Le rôle des êtres vivants du sol

Rechercher des informations dans un tableau – Exploiter des resultats

Des chercheurs réalisent une expérience pour connaître le rôle des êtres vivants dans la décomposition de la litière. Pour cela, ils utilisent différentes substances répulsives (qui font fuir les êtres vivants) et évaluent la vitesse de disparition de la litière.

1. À quoi sert le premier dispositif ?

2. Comparez les résultats obtenus par l'utilisation des différents dispositifs expérimentaux pour en déduire le rôle des êtres vivants.

Expériences	Résultats
1. Pas d'utilisation de substance répulsive.	Disparition progressive de la litière.
2. Utilisation d'une substance qui fait fuir uniquement les collemboles.	Disparition plus lente de la litière.
3. Utilisation d'une substance qui fait fuir uniquement les acariens, prédateurs des collemboles.	Disparition de la litière plus rapide que dans la première expérience.
4. Utilisation d'une substance qui fait fuir l'ensemble des animaux (il reste notamment les champignons).	Disparition de la litière quatre fois plus lente que dans la première expérience.

Tâche complexe

Je résous un problème...

6 Le réseau alimentaire du sol de la forêt

Saisir des informations - Mettre en relation des informations
Construire un schéma

SITUATION PROBLÈME

Dans le sol d'une forêt, on trouve des êtres vivants qui dépendent les uns des autres pour se nourrir. Sur la surface du sol vivent d'autres organismes comme des pigeons ramiers ou des renards. Ces derniers ont également des besoins alimentaires et sont décomposés après leur mort.

On cherche à savoir si les organismes qui vivent dans le sol et ceux qui vivent sur le sol d'une forêt appartiennent au même réseau alimentaire.

CONSIGNE DE TRAVAIL

En vous appuyant sur les documents 1 et 2, représentez par un schéma toutes les relations alimentaires possibles entre les êtres vivants de la forêt de manière à déterminer s'ils appartiennent à un seul et même réseau.

Attention à bien respecter les conventions de réalisation d'un réseau alimentaire.

... en m'organisant tout seul

DOC 1 Régimes alimentaires de quelques êtres vivants observés sur le sol forestier.

Êtres vivants	Régimes alimentaires
Fourmi rousse	Insectes (exemple : collemboles), cadavres d'animaux (exemple : lombrics)
Araignée-loup	Insectes (exemple : fourmis)
Escargot petit-gris	Végétaux, débris végétaux
Mulot des bois	Végétaux (fruits, graines), lombrics, escargots, insectes (exemple : fourmis), araignées
Hérisson commun	Végétaux, lombrics, escargots, champignons
Renard roux	Mulots, hérissons, oiseaux, champignons, cadavres d'animaux

DOC 2 Quelques décomposeurs de la litière.

a Lombric se nourrissant de feuilles mortes.

b Collemboles mangeant une feuille en cours de décomposition.

c Mycélium de champignon décomposant un cadavre d'araignée.

COUP DE POUCE

1. **Si j'ai besoin de me rappeler la définition de régime alimentaire** → je vais page 89.
2. **Si j'ai besoin d'aide pour démarrer :**
   → je recherche tous les organismes vivants qui mangent un aliment donné, les uns après les autres ;

   ou

   → je recherche tous les aliments mangés par les différents organismes vivants, les uns après les autres.
3. **Si j'ai besoin d'aide pour construire le réseau alimentaire** → je vais page 95.

Environnement Développement durable

Une nécessité : le tri et

Des chiffres qui font réfléchir...

Analyse d'une poubelle

En 2011, chaque français a produit, en moyenne, 366 kg d'ordures ménagères !

(chiffres donnés par rapport au volume)

Source : ADEME

Trier et valoriser les déchets

Des déchets biodégradables

Il est facile de composter tous les déchets d'origine biologique (épluchures, restes de fruits, etc.) : grâce à la présence de nombreux organismes vivants, ces déchets triés et accumulés dans un bac sont rapidement décomposés.

Des déchets non biodégradables... mais recyclables

Le verre se recycle à l'infini : avec 1 tonne de bouteilles en verre récupérées, on fabrique 2 138 nouvelles bouteilles de 75 cL.

ACIER RECYCLABLE

Ce logo indique que l'emballage contient de l'acier. Étant attiré par un aimant, il est facilement trié et pourra être recyclé.

Le « point vert » ne signifie pas que l'emballage est recyclable mais que l'entreprise qui fabrique le produit participe financièrement au programme de recyclage des emballages ménagers.

le recyclage des déchets

Le devenir des déchets abandonnés dans la nature

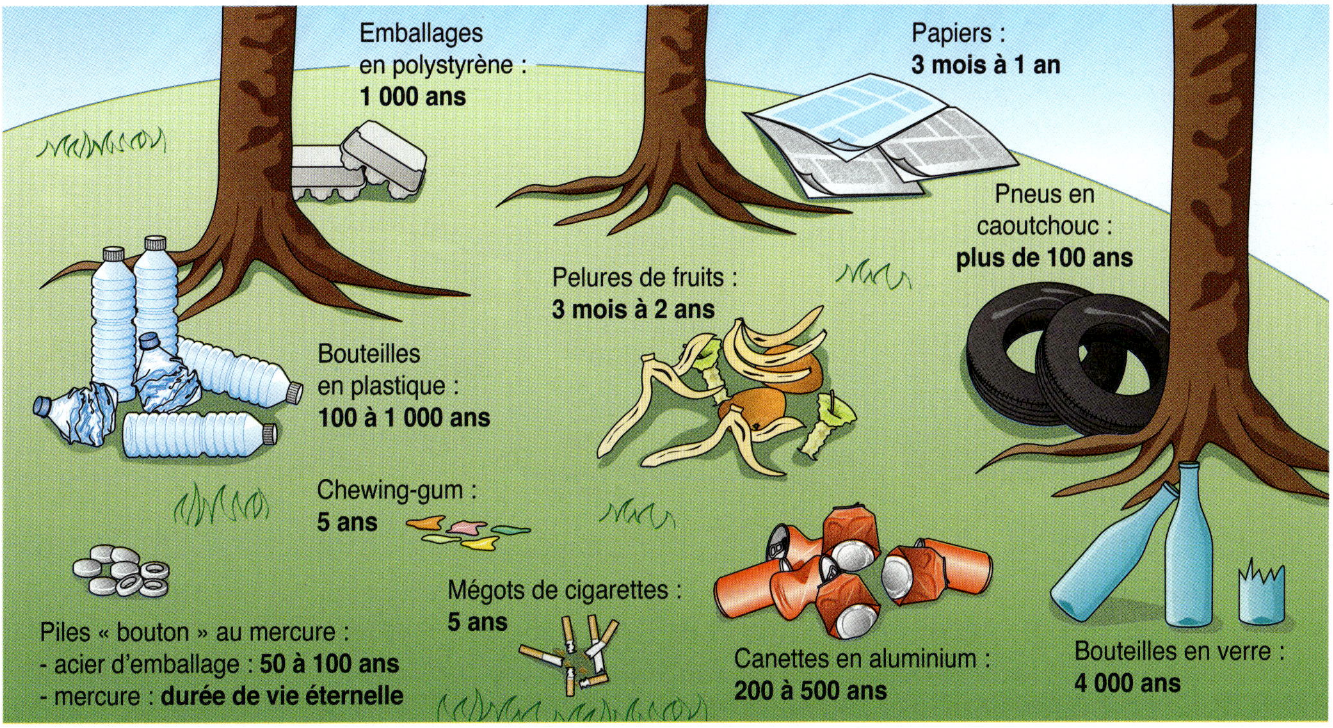

le recyclage des emballages plastiques

Avec 1 tonne d'emballages en plastique triés, on peut fabriquer, au choix :
- 725 couettes ;
- 1 813 pulls polaires ;
- 7 bancs publics ;
- 68 poubelles ;
- 7,50 km de tuyau.

En 2007, 21 % des plastiques d'emballage ont été recyclés. Le reste, soit près de 80 %, n'est pas collecté ou n'est pas recyclable (c'est le cas des sacs plastiques et des films plastiques enveloppant les revues, trop légers, dont le recyclage n'est pour l'instant pas rentable).

Avec une tonne d'emballages plastiques recyclés :
- on économise 0,61 tonne de pétrole brut et 0,20 tonne de gaz naturel ;
- on évite de rejeter l'équivalent de 2 tonnes de dioxyde de carbone (gaz qui contribue au réchauffement de la planète).

Un marché à Saint-Martin, Guadeloupe.

PARTIE

3

Des pratiques au service de l'alimentation humaine

L'alimention et la santé

Quels sont les conseils alimentaires donnés par cette affiche du Programme National Nutrition Santé ?
Parmi les aliments proposés, citez un aliment provenant d'une culture et des aliments issus d'un élevage.

... et s'interroger

Produire de la viande de qualité

Chaque année, les plus beaux spécimens des différentes races sont exposés au Salon de l'Agriculture à Paris. Comment les éleveurs améliorent-ils sans cesse leurs animaux d'élevage ?

Améliorer les rendements des cultures

Connaissez-vous des pratiques agricoles qui permettent d'augmenter les rendements des cultures ? Savez-vous quels problèmes pour l'environnement peuvent poser ces pratiques ?

PARTIE 3

Des pratiques au service de l'alimentation humaine

EXTRAIT DU PROGRAMME
(*B.O.* spécial n° 6 du 28 août 2008)

Des pratiques au service de l'alimentation humaine
(Durée conseillée: 20 % de l'horaire annuel)

CONNAISSANCES

L'Homme élève des animaux et cultive des végétaux pour se procurer des aliments qui répondent à ses besoins (matières grasses, sucres rapides, sucres lents, protéines).
Élevage ou culture nécessite une gestion rationnelle.
Des améliorations quantitatives et/ou qualitatives de la production sont obtenues en agissant sur la reproduction, les conditions d'élevage ou de culture, les apports nutritifs.

CAPACITÉS

Observer, recenser et organiser des informations pour comprendre l'intérêt d'un élevage ou d'une culture.
Exprimer à l'écrit ou à l'oral les résultats d'une recherche sur le mode de reproduction des êtres vivants, les conditions physico-chimiques de la pratique, les apports nutritifs à prévoir, les techniques d'élevage et de culture.
Percevoir le lien entre sciences (reproduction, conditions de milieu, besoins nutritifs) et techniques (d'élevage ou de culture).

La production alimentaire par une transformation biologique

CONNAISSANCES

Certains aliments proviennent d'une transformation contrôlée par l'Homme.
Les aliments produits sont issus de la transformation d'une matière première animale ou végétale et répondent aux besoins en aliments de l'Homme (matières grasses, sucres rapides, sucres lents, protéines).
Selon la façon dont les aliments sont transformés, leur goût peut être différent.
L'Homme maîtrise l'utilisation des microorganismes à l'origine de cette transformation.
Une meilleure production est obtenue par:
- l'amélioration de la qualité des matières premières;
- un choix des micro-organismes employés;
- un respect des règles d'hygiène.

CAPACITÉS

Observer, recenser et organiser des informations pour comprendre l'intérêt d'une transformation biologique dans l'obtention de certains aliments.
Exprimer à l'écrit ou à l'oral les résultats d'une recherche sur les conditions de la réalisation d'une fermentation, l'amélioration de la production, la sécurité alimentaire.
Mettre en œuvre un protocole pour réaliser une transformation biologique, une fermentation alimentaire.
Effectuer un geste technique en observant au microscope des micro-organismes utilisés dans une transformation biologique.
Percevoir le lien entre sciences (fermentation) et techniques (transformation biologique).

Chapitre 1

La production d'aliments par l'élevage ou la culture

La moisson en Pays de Loire.

La plupart des aliments que nous consommons proviennent d'élevages et de cultures. Ces pratiques doivent satisfaire les besoins croissants de la population tout en préservant la santé et l'environnement.

Comment élevages et cultures peuvent-ils satisfaire les besoins de l'Homme tout en préservant la santé et l'environnement ?

J'apprends à résoudre un problème... en m'organisant tout seul

7 Se nourrir en 2030

S'informer à partir de différentes ressources

SITUATION PROBLÈME

En 2030, nous serons près de 9 milliards sur notre planète. Nous devrons nous nourrir, tout comme les milliards d'animaux que nous élevons chaque année. Or, il est difficile de répondre à ces besoins alimentaires. L'élevage et les cultures intensives entraînent la pollution des sols et de l'eau.

Les insectes représentent un grand intérêt pour les années futures ! Très nombreux, ils représentent environ 25 % de la biomasse animale sur Terre. Ils sont déjà consommés quotidiennement dans plus de 90 pays.

CONSIGNE DE TRAVAIL

À partir des informations fournies par les documents suivants, rédigez un court texte dans lequel vous indiquerez au moins trois arguments en faveur de la consommation d'insectes.

Bientôt des insectes et des larves d'insectes à notre menu !

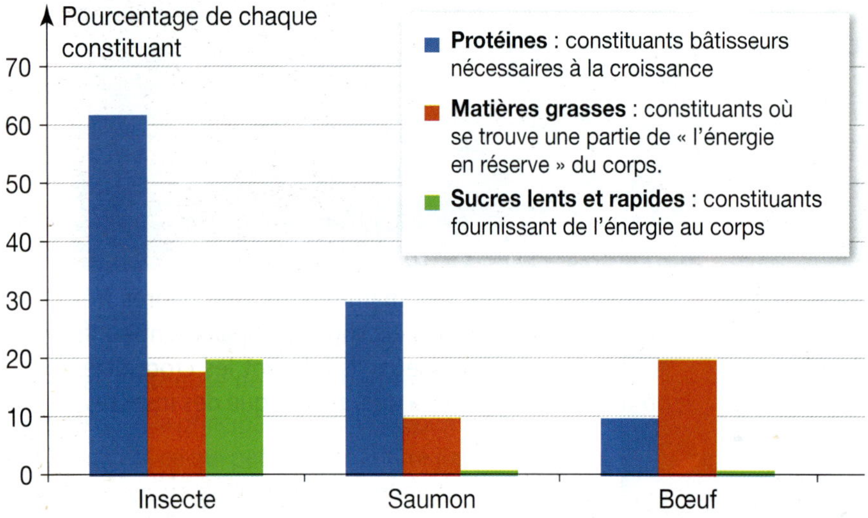

DOC 1 Composition de la matière organique pour 100 g d'insectes, de saumon ou de bœuf. À chaque repas, les trois constituants doivent être présents afin d'avoir une alimentation équilibrée.

- Parmi les principaux insectes consommés, on trouve les abeilles, les guêpes et les fourmis (14 %) ainsi que les sauterelles et les criquets (13 %).
- Leur élevage est très facile car il peut se faire à partir de déchets organiques (compost, lisier...), ce qui permet de recycler ces déchets.
- Seuls 2 kg d'aliments sont nécessaires pour produire 1 kg d'insectes alors qu'il faut 10 kg d'aliments pour produire 1 kg de viande.

DOC 2 L'élevage des insectes.

COUP DE POUCE

1. **Si j'ai besoin d'aide pour démarrer :**
   → je compare la composition en matière organique des insectes avec celle du saumon puis du bœuf.
2. **Si j'ai besoin d'aide pour lire un graphique** → je vais page 200.

Chapitre 2

La production d'aliments par transformation biologique

Le boulanger au travail.

Certains aliments comme le pain, les yaourts ou les fromages sont quotidiennement consommés pour répondre aux besoins de l'organisme. Ils sont fabriqués à partir des produits des élevages ou des cultures mais nécessitent cependant une transformation biologique des matières premières.

Comment ces aliments sont-ils produits par transformation biologique ?

ACTIVITÉ 1

Le pain, un aliment issu d'une transformation biologique

Le pain est le résultat de la transformation biologique d'une matière première, la farine. Plusieurs étapes sont nécessaires pour mener à bien cette transformation.

Comment le boulanger fabrique-t-il le pain ? Pourquoi parle-t-on de transformation biologique ?

A Le travail du boulanger

Les ingrédients mis dans le pétrin :
- 50 kg de farine
- 30 litres d'eau
- 1 kg de sel
- 15 kg de levain
- 500 g de levure de boulanger

Le pétrissage : les ingrédients sont malaxés et forment une pâte qui devient souple et élastique.

Première levée de la pâte : la pâte est laissée environ 1 heure à 22 °C, elle gonfle et des arômes se développent.

Le façonnage des pâtons : des blocs de pâte de masses égales sont façonnés pour former ici des baguettes.

Deuxième levée de la pâte : les pâtons sont entreposés dans une chambre à 9 °C pendant 15 h ; ils triplent de volume.

La cuisson : environ 15 minutes dans un four à 250 °C.

DOC 1 Les étapes de la fabrication d'une variété de pain, la « baguette tradition ».

B Le rôle de la levure de boulanger

Je manipule

- Mélangez 500 g de farine, 10 g de sel et 300 g d'eau.
- Séparez la pâte en deux parts égales.
- Ajoutez 10 g de levure de boulanger à l'une des parts.
- Pétrissez longuement les deux pâtons.
- Recouvrez d'un torchon et laissez reposer les pâtons une heure à 22 °C.
- Faites cuire 30 minutes à four chaud.

DOC 2 Une expérience pour comprendre le rôle de la levure de boulanger.

- Les **levures** sont des êtres vivants microscopiques capables de transformer l'amidon de la farine en différents produits dont un gaz, le dioxyde de carbone.
- Cette transformation s'effectue au cours d'un phénomène biologique appelé fermentation.

DOC 3 Les levures opèrent une transformation de la farine.

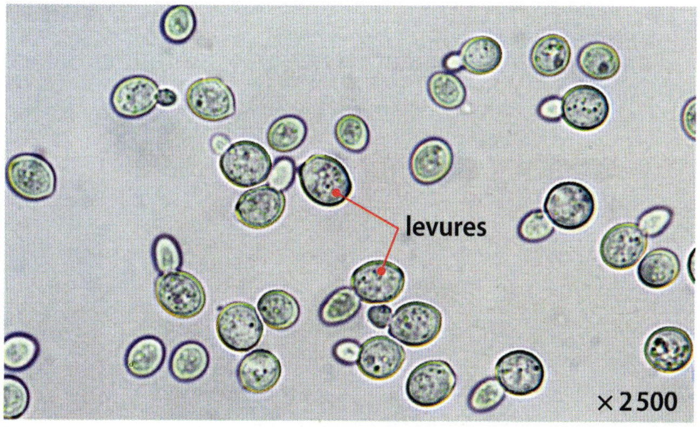

DOC 4 L'observation de la levure de boulanger au microscope.

Vocabulaire

- **Transformation biologique :** modification d'une matière première sous l'action d'êtres vivants.
- **Levures :** êtres vivants microscopiques formés de cellules isolées.
- **Levain :** pâte à pain conservée de la veille.

Pistes de travail

1 Doc. 1 : Présentez dans un tableau les étapes de la fabrication du pain et indiquez pour chacune d'elles les transformations subies par la pâte.

2 Doc. 2 : Indiquez quel rôle joue la levure dans l'aspect du pain.

3 Doc. 3 et 4 : Expliquez le rôle joué par les levures dans le gonflement de la pâte.

Bilan : dites pourquoi on peut affirmer que le pain est un aliment issu d'une transformation biologique.

ACTIVITÉ 2

Le yaourt, un aliment issu d'une transformation biologique

Comme le pain, le yaourt est le résultat de la transformation biologique d'une matière première : dans ce cas, il s'agit du lait.

Comment fabrique-t-on les yaourts ? Pourquoi parle-t-on de transformation biologique ?

A La fabrication des yaourts dans une laiterie

Après son arrivée à la laiterie, le lait subit différents contrôles puis il est chauffé à 90 °C pendant 3 minutes pour détruire tout microbe (c'est la pasteurisation).

Le lait est ensuite refroidi à 43 - 45 °C dans de grandes cuves (appelées tanks) puis ensemencé à l'aide de ferments lactiques.

DOC 1 L'**ensemencement** du lait avec des **ferments lactiques**.

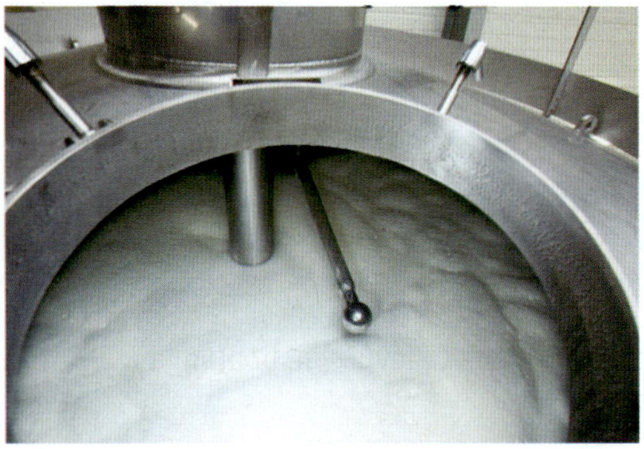

Après 3 heures environ de séjour dans la cuve à 42 °C, le lait s'est transformé en yaourt.

Ce yaourt est alors brassé à l'aide de pales puis envoyé vers la chaîne de remplissage des pots, qui sont immédiatement emballés, refroidis à 4 °C et conduits dans des entrepôts frigorifiques.

DOC 2 Le conditionnement des yaourts brassés.

B Des micro-organismes à l'origine de la transformation biologique

Je manipule

- Portez à l'ébullition 1/2 litre de lait.
- Réalisez les manipulations dessinées ci-contre.
- Placez les 3 pots dans un récipient maintenu à 45 °C pendant 5 heures.
- Observez les résultats de ces manipulations.

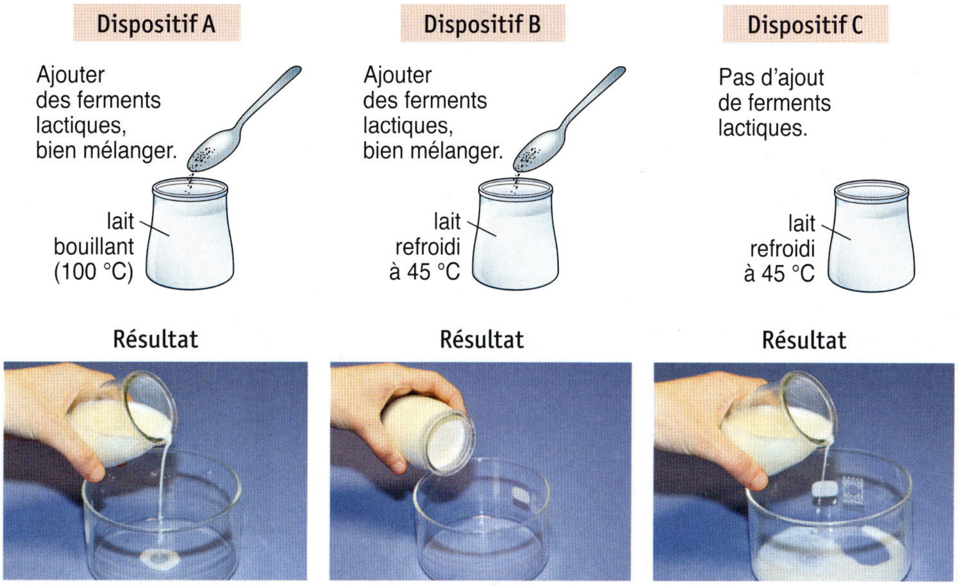

DOC 3 Une expérience pour mettre en évidence un rôle joué par les ferments lactiques.

Un pot de yaourt contient plusieurs milliards de micro-organismes (des bactéries appelées streptocoques et lactobacilles).

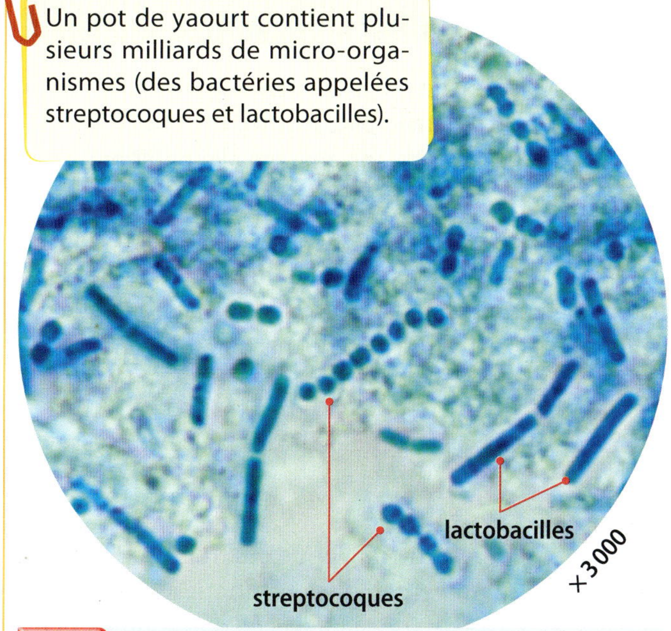

DOC 4 Observation des ferments lactiques au microscope.

• La fermentation du lait

Les bactéries des ferments lactiques transforment le sucre du lait en acide lactique, ce qui provoque la coagulation du lait (il devient une gelée, le yaourt).

• Le goût du yaourt dépend des conditions de fabrication

Température de préparation	42 à 44 °C	45 à 46 °C
Ferments lactiques favorisés	Streptocoques	Lactobacilles
Goût du yaourt	Doux, arômes développés	Plus acide, arômes moins développés

DOC 5 Les rôles des ferments lactiques.

Vocabulaire

- **Ensemencement :** introduction dans un milieu d'êtres vivants pouvant se développer dans ce milieu.
- **Ferments lactiques :** micro-organismes intervenant par exemple dans la fabrication du yaourt (bactéries).

Pistes de travail

1 **Doc. 1 et 2 :** Dites quelles sont les étapes de la fabrication du yaourt et précisez les conditions dans lesquelles s'effectue la transformation du lait en yaourt.

2 **Doc. 3 :** Comparez les conditions expérimentales et les résultats obtenus.

3 **Doc. 3 à 5 :** Expliquez le rôle des ferments lactiques.

Bilan : dites pourquoi on peut affirmer que le yaourt est un aliment issu d'une transformation biologique.

ACTIVITÉ 3

Améliorer la qualité des aliments issus de transformations biologiques

Les aliments provenant de transformations biologiques comme le pain et les produits laitiers sont de plus en plus diversifiés et leur qualité est sans cesse améliorée.

Comment peut-on améliorer la qualité de ces aliments ?

A Contrôler les matières premières et choisir les ferments

- La sélection des meilleures variétés de blé par les agriculteurs permet d'obtenir des farines dont les qualités boulangères s'améliorent sans cesse.
- Certaines farines sont aujourd'hui pourvues d'un label de qualité. Elles sont destinées à la fabrication de pains de tradition par des artisans boulangers.

DOC 1 Pas de bon pain sans bonne farine.

- La teneur en matières grasses du lait de vache est en moyenne de 36 g/L mais elle peut varier entre 30 et 45 g selon la race de la vache, son âge, son alimentation, la saison…
- À l'arrivée du lait à la laiterie, on contrôle la teneur en matière grasse et on la modifie en fonction des besoins : écrémage partiel pour faire des yaourts maigres, enrichissement en lait concentré pour donner au yaourt une consistance plus ferme…

DOC 2 Un des contrôles du lait : les matières grasses.

Lait + 2 ferments du yaourt
(Lactobacillus bulgaricus et Streptoccocus thermophilus)

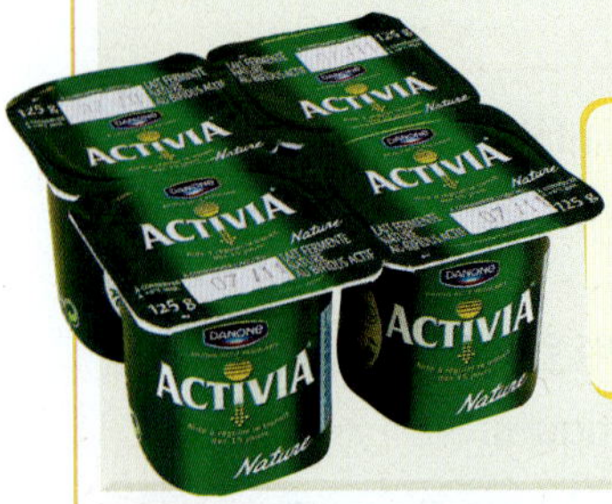

Lait + 2 ferments du yaourt
+ Bifidus actiregularis

Lait + 2 ferments du yaourt
+ Lactobacillus casei defensis

Seul le premier de ces trois produits est un véritable yaourt (pour avoir droit à cette appellation, il ne doit contenir que les deux ferments du yaourt) ; les autres produits ne sont pas des yaourts au sens strict car, en plus des deux ferments du yaourt, ils contiennent un autre micro-organisme.

DOC 3 Le choix des micro-organismes pour produire des laits fermentés variés.

B Garantir une sécurité alimentaire

- **À la ferme**

Le nettoyage du pis de la vache avant la traite et le maintien de la propreté de la salle de traite évitent la contamination du lait. La **contamination** d'un produit laitier peut être à l'origine de maladies graves.

- **À la laiterie**

Le nettoyage des installations et du matériel, des règles d'hygiène strictes pour le personnel (port de gants, d'une charlotte sur la tête…), garantissent la sécurité des aliments pour le consommateur.

DOC 4 **Le respect de règles d'hygiène à la ferme et à la laiterie est indispensable pour que nous puissions consommer en toute sécurité des produits laitiers.**

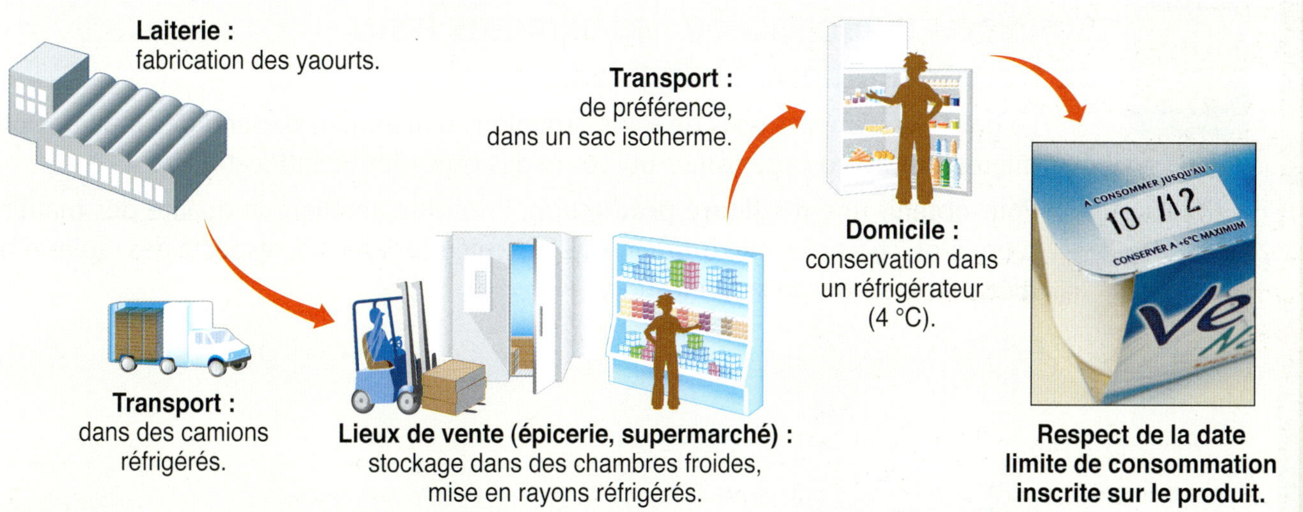

DOC 5 **D'autres précautions pour garantir la sécurité alimentaire : ne jamais rompre la chaîne du froid et respecter la date limite de consommation.**

Vocabulaire

- **Contamination :** présence de microbes indésirables dans un milieu, par exemple le lait.
- **Chaîne du froid :** ensemble des opérations permettant de maintenir les produits périssables à basse température afin d'éviter la multiplication des microbes.

Pistes de travail

1 **Doc. 1 et 2 :** Expliquez en quoi la matière première peut jouer un rôle sur la qualité d'un produit fini.

2 **Doc. 3 :** Comment peut-on fabriquer une grande variété de laits fermentés ?

3 **Doc. 4 et 5 :** Qu'est-ce qui permet de garantir au consommateur des produits de qualité ?

Bilan : dites comment on peut améliorer les aliments issus de transformations biologiques.

Le bilan des activités

Chapitre 2 La production d'aliments par transformation biologique

ACTIVITÉ 1
pp. 142-143

Le pain, un aliment issu d'une transformation biologique

Le pain provient de la **transformation biologique** d'une matière première, la farine du blé, sous l'action de la levure.

La levure de boulanger contient des milliards de **micro-organismes**, les **levures** (champignons microscopiques). Ces levures transforment l'amidon de la farine et produisent un gaz, du dioxyde de carbone, qui fait lever la pâte.

ACTIVITÉ 2
pp. 144-145

Le yaourt, un aliment issu d'une transformation biologique

Le yaourt provient de la transformation biologique d'une matière première, le lait, par des **ferments lactiques**.

Ces ferments lactiques contiennent des **micro-organismes**, les bactéries, qui transforment le sucre du lait en acide lactique ; le liquide devient alors un gel au goût acidulé (le yaourt).

ACTIVITÉ 3
pp. 146-147

Améliorer la production des aliments issus de transformations biologiques

Le goût des aliments issus de transformations biologiques dépend des matières premières, des micro-organismes utilisés et des procédés de fabrication.

Pour obtenir une **meilleure production**, l'Homme améliore la qualité des matières premières, choisit les micro-organismes les mieux adaptés et respecte des règles d'**hygiène** strictes lors de la fabrication.

LE SOCLE COMMUN DE CONNAISSANCES ET DE COMPÉTENCES ... LE SOCLE COMM

Je dois savoir

- Le pain et le yaourt sont des aliments obtenus par la transformation biologique, contrôlée par l'Homme, d'une matière première (farine de blé ou lait). La transformation est assurée par des micro-organismes (levures ou bactéries).
- Une meilleure production est obtenue par l'amélioration de la qualité des matières premières, le choix des micro-organismes utilisés et un respect des règles d'hygiène.

Le schéma-bilan

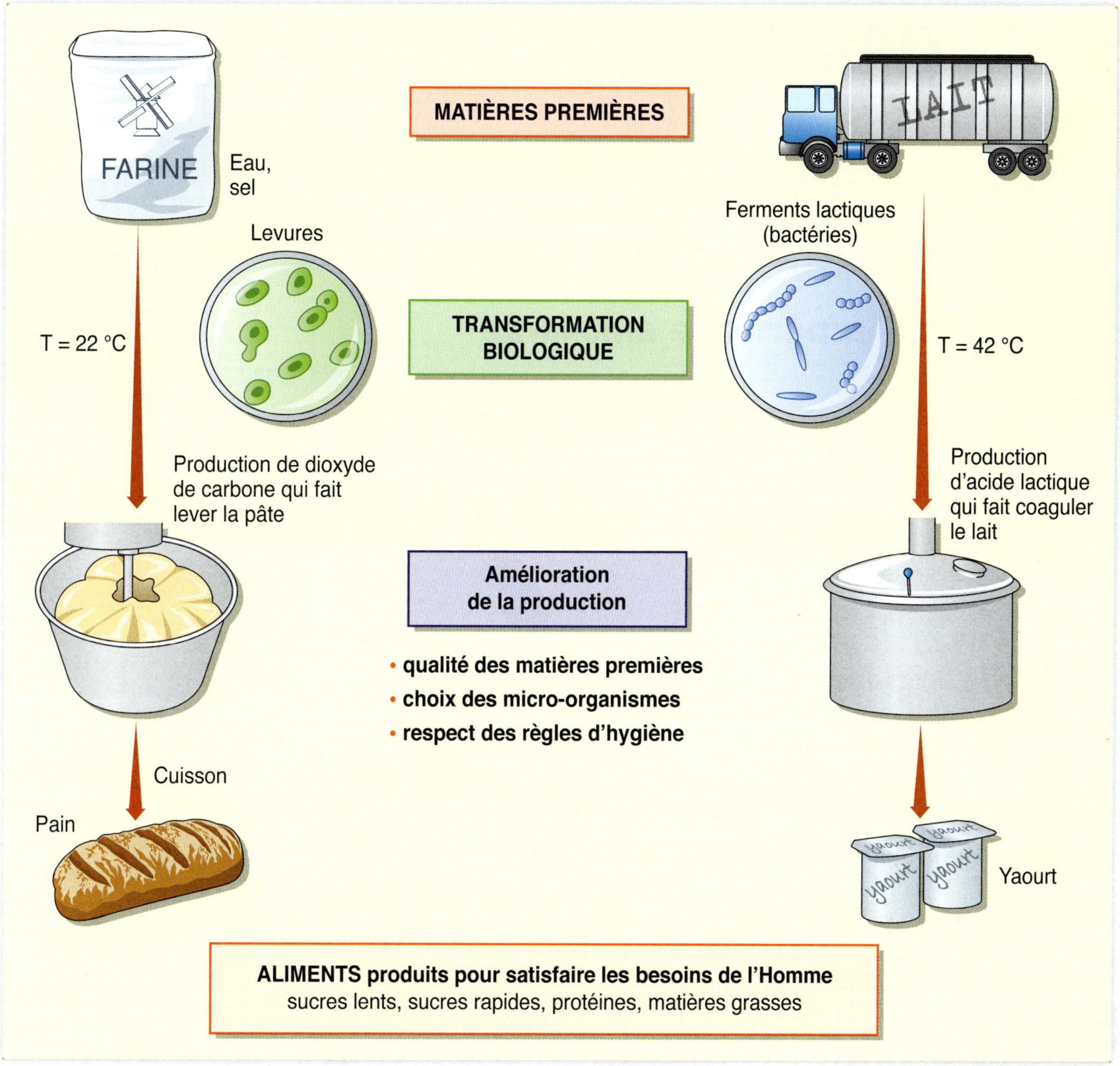

CONNAISSANCES ET DE COMPÉTENCES ... LE SOCLE COMMUN DE CONNAISSANCES ET DE COMPÉTENCES ...

Je sais définir

- Transformation biologique
- Micro-organismes
- Levures
- Ferments lactiques
- Règles d'hygiène

Je suis capable de

- Effectuer des recherches pour décrire la fabrication d'un aliment issu d'une transformation biologique (activités 1 et 2).
- Exprimer le résultat des recherches à l'écrit ou à l'oral (activités 1 et 2).
- Suivre un protocole pour réaliser une transformation biologique (activités 1 et 2).
- Observer au microscope pour identifier les micro-organismes utilisés (activités 1 et 2).

Le coin des curieux

Je réalise

Une expérience amusante

Matériel : une petite bouteille en verre ; un ballon de baudruche ; du sucre ; de la levure et de l'eau.

- ✓ Dans un verre d'eau, délayez 5 g de sucre et 5 g de levure de boulanger.
- ✓ Placez ce mélange dans une petite bouteille.
- ✓ Placez un ballon de baudruche sur le goulot de la bouteille comme sur la photographie a.
- ✓ Observez le résultat quelques heures plus tard.

Comment expliquez-vous ce résultat ?

Sciences in English

English breakfast

Look !
This is a traditional english breakfast.

Match the words with the picture.

orange juice	cocoa
butter	milk
eggs	coffee
bread	tea
cereal	jam
bacon	honey

Informatique-Internet

La France, le pays aux 400 fromages

Les fromages sont fabriqués à partir de lait de vache, de brebis ou de chèvre selon des modes de fabrication différents et sont typiques des régions françaises.

- Recherchez des renseignements sur quelques fromages.
- Découvrez comment « naît » et « vit » un Comté et suivez sa fabrication en vidéo.
- Jouez en associant un fromage à sa région.

www Pour réaliser les activités citées ci-dessus, vous trouverez des liens directs et contrôlés sur le site : **www.bordas-svtcollege.fr/Liens6e**

Énigme

Photo mystère !

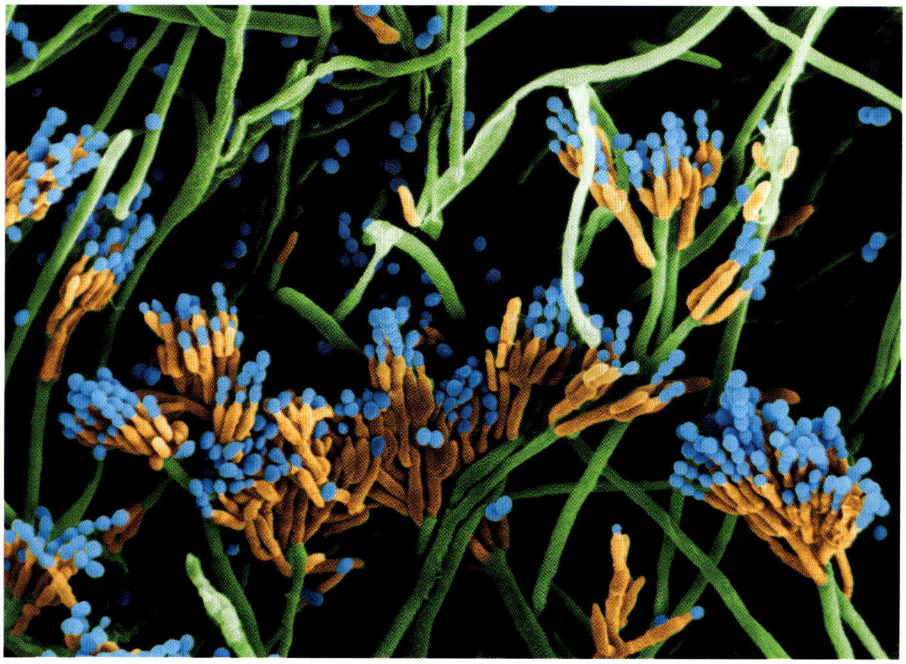

Il s'agit de la moisissure qui se développe dans les cavités du fromage de Roquefort et qui leur donne un aspect bleuté (son nom scientifique est *Penicillium roqueforti*). Elle est ici observée au microscope électronique et grossie environ 600 fois.

Élève aujourd'hui,

Des aliments au « coût écologique » différent

Produits de saison ou produits hors saison ?

- Nous sommes habitués à trouver des fruits d'été en plein hiver. Les fraises viennent d'Israël, les cerises, les raisins viennent d'Amérique du Sud. Cela a un coût (énergie, pollution) car il faut les transporter.
- De même, pour satisfaire les consommateurs, on produit en France des fruits et légumes hors saison mais pour cela on doit chauffer des serres et donc consommer de l'énergie.

Produits frais ou produits surgelés ?

- La consommation de plats tout prêts surgelés est aujourd'hui en forte augmentation.
- Ces plats nécessitent beaucoup d'énergie pour leur préparation, leur congélation puis leur conservation (au supermarché et à la maison). De plus, ils ont souvent été transportés sur de longues distances et sont très « gourmands » en emballages.

Eau du robinet ou eau en bouteille ?

- Alors que l'eau de source en bouteille n'est souvent pas meilleure pour la santé que l'eau du robinet, son coût écologique est bien plus grand car il faut traiter les bouteilles vides et transporter l'eau parfois sur de longues distances.
- En France, l'eau en bouteille est en moyenne 200 fois plus chère que l'eau du robinet, dans certains pays, elle est 10 000 fois plus chère !

Produits emballés ou non emballés

- Chaque français jette environ 50 kg d'emballages par an. Pour la première fois, le nombre d'emballages diminue : de 2003 à 2006, le nombre de produits emballés a reculé de 0,55 %. Ceci est dû, notamment, à la baisse de la consommation de produits emballés.
- Et c'est sans compter la disparition progressive des sacs en plastique à la sortie des caisses des magasins !

éco-citoyen demain

À chacun son empreinte écologique

L'empreinte écologique représente la pression exercée par l'Homme sur la nature pour satisfaire ses besoins (en particulier pour produire ses aliments) et ses activités.

WWW Pour calculer votre empreinte écologique (page d'accueil ci-contre), vous trouverez un lien direct et contrôlé sur le site : **www.bordas-svtcollege.fr/Liens6e**

Je joue et j'apprends les gestes éco-citoyens

De nombreux sites Internet proposent des jeux, tout à fait sérieux, pour prendre conscience de l'impact de certains comportements du quotidien sur notre environnement.

WWW Pour le jeu correspondant à la page d'accueil ci-contre, vous trouverez un lien direct et contrôlé sur le site : **www.bordas-svtcollege.fr/Liens6e**

Un récif corallien : de nombreuses espèces d'êtres vivants.

PARTIE 4

Diversité, parentés et unité des êtres vivants

Retrouver des acquis...

Une grande diversité d’êtres vivants

Anémone de mer

Libellule

Chêne

Poisson rouge

Coccinelle

Martin-pêcheur

Grenouille

Lapin

Recherchez des différences et des ressemblances entre les êtres vivants présentés par ces photographies. Proposez différentes façons de les regrouper en précisant les critères choisis.

... et s'interroger

Ranger, classer, étiqueter

Comment classer les êtres vivants d'une collection ?

L'appartenance à un groupe

Pourquoi la carpe peut-elle être classée dans un groupe appelé « vertébrés » ? Proposez d'autres exemples d'animaux appartenant à ce groupe.

PARTIE 4

Diversité, parentés et unité des êtres vivants

EXTRAIT DU PROGRAMME
(*B.O.* spécial n° 6 du 28 août 2008)

Partie transversale:
diversité, parentés et unité des êtres vivants
(Durée conseillée: 15 % de l'horaire annuel)

CONNAISSANCES

La diversité des espèces est à la base de la biodiversité. Une espèce est un ensemble d'individus qui évoluent conjointement sur le plan héréditaire.
Les organismes vivants sont classés en groupes emboîtés définis uniquement à partir des attributs qu'ils possèdent en commun.
Ces attributs définis par les scientifiques permettent de situer des organismes vivants dans la classification actuelle.
Au niveau microscopique, les organismes vivants sont constitués de cellules.
La cellule est l'unité d'organisation des êtres vivants.
Certains organismes vivants sont constitués d'une seule cellule, d'autres sont formés d'un nombre souvent très important de cellules.
La cellule possède un noyau, une membrane, du cytoplasme.

CAPACITÉS

Observer, recenser et organiser l'information utile afin de déterminer un organisme vivant à partir d'une clé de détermination.
Observer, recenser et organiser l'information utile afin de créer des groupes emboîtés dans la classification.
Observer, recenser et organiser l'information utile afin de replacer un organisme vivant de l'environnement proche dans la classification actuelle.
Effectuer un geste technique en réalisant une préparation microscopique de cellules animales et/ou végétales, et/ou d'un micro-organisme unicellulaire.
Faire (en respectant les conventions) un dessin scientifique traduisant les observations réalisées.
Situer dans le temps des découvertes scientifiques (évolution des techniques d'observation, des représentations des cellules au cours des temps).

Chapitre 1

Diversité et unité des êtres vivants

Une espèce rare : le dendrobate bleu.

Au cours des différentes activités organisées dans l'environnement proche du collège, nous avons pu constater qu'il existe une grande diversité d'espèces vivantes.

Qu'est-ce qu'une espèce ? Comment peut-on l'identifier ?
Quels sont les points communs entre les différentes espèces ?

ACTIVITÉ 3

Tous les êtres vivants ont un point commun

L'observation microscopique des végétaux montre qu'ils sont constitués de cellules.

Peut-on retrouver une organisation comparable chez d'autres êtres vivants ?

A Une observation de cellules humaines

Je manipule

- À l'aide d'un coton-tige, frottez légèrement l'intérieur de la joue.
- Déposez ce prélèvement sur une lame.
- Ajoutez une goutte de colorant, le bleu de méthylène.
- Recouvrez avec une lamelle et observez au microscope.

Observation de cellules buccales grossies 2 000 fois

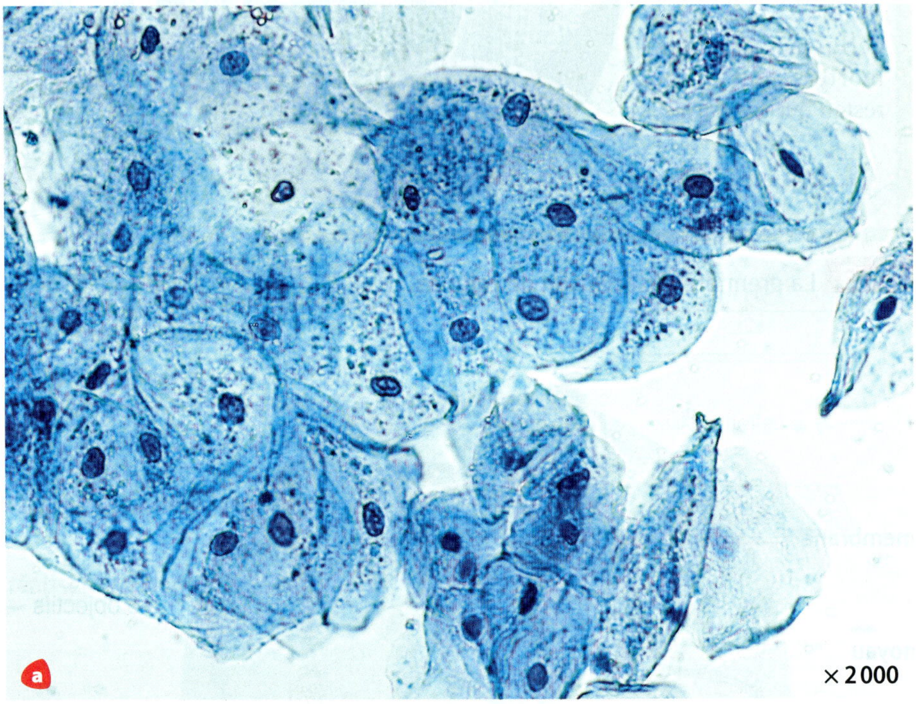

Sécurité SVT

La salive est un liquide corporel susceptible de contenir des microbes.
Quelques règles simples et de bonnes pratiques doivent être respectées :

- Chaque élève manipule uniquement son propre prélèvement.
- Chaque coton-tige est stérile et à usage unique : il sera placé dans une solution désinfectante après utilisation.
- Après l'observation, lames et lamelles seront placées dans une solution désinfectante.

Observation d'une cellule buccale grossie 6 000 fois

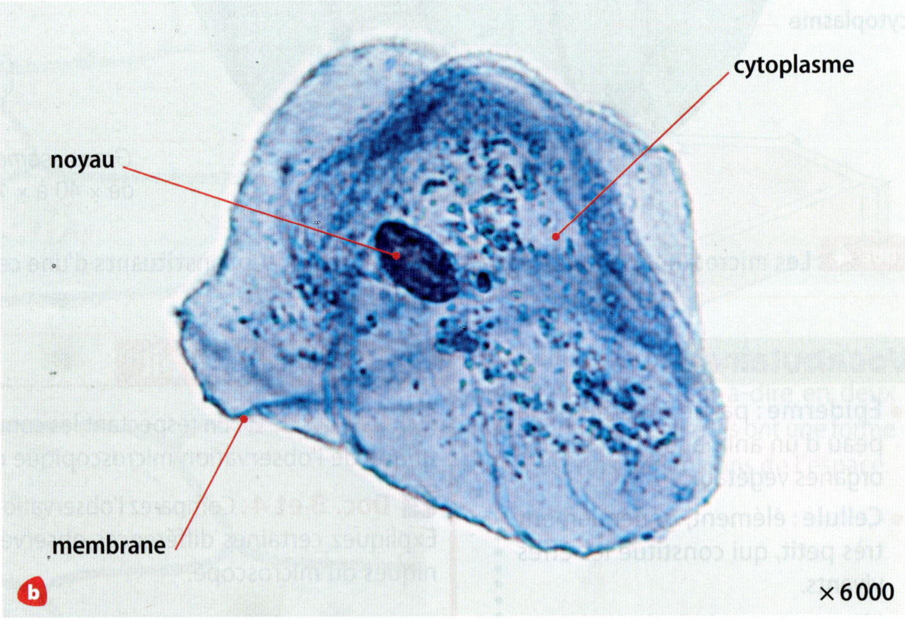

DOC 1 Observation de cellules de la muqueuse buccale.

B D'autres observations microscopiques

Racine d'oignon

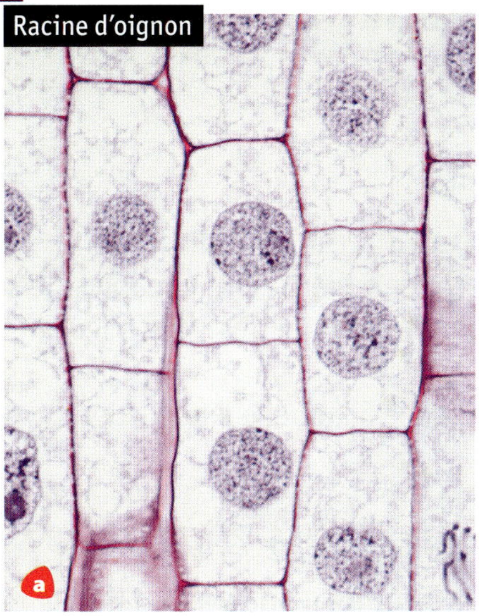

× 1 000

Peau humaine

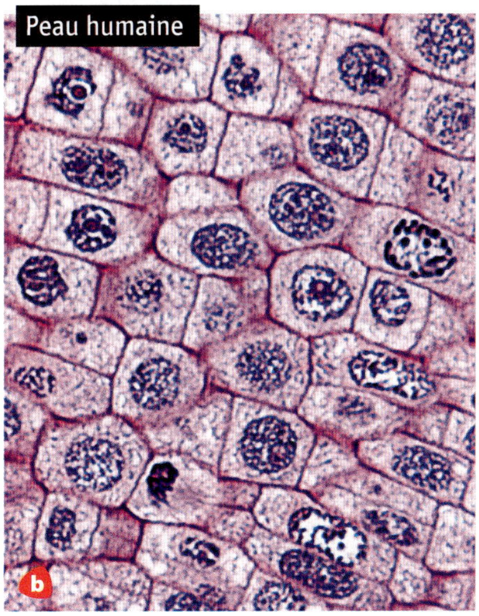

× 1 200

Peau de grenouille

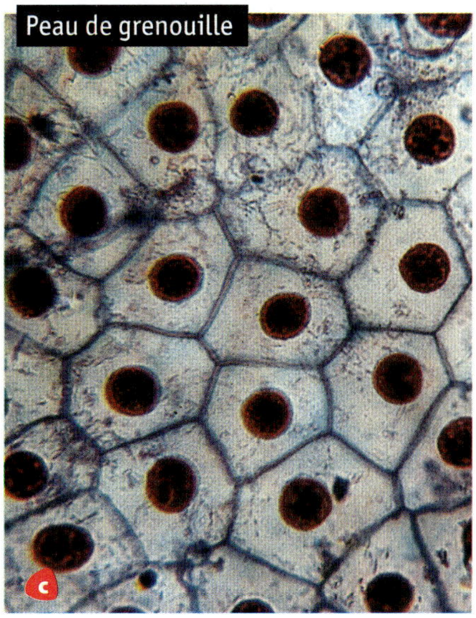

× 1 500

DOC 2 Quelques organes observés au microscope. La plupart des êtres vivants sont constitués d'un nombre très important de cellules : 10 000 milliards pour un être humain !

Pour observer des paramécies

- Prélevez un peu du voile qui se forme à la surface de l'eau dans laquelle ont macéré pendant plusieurs jours divers débris végétaux.
- Placez une goutte sur une lame et recouvrez d'une lamelle.
  Observez au microscope.

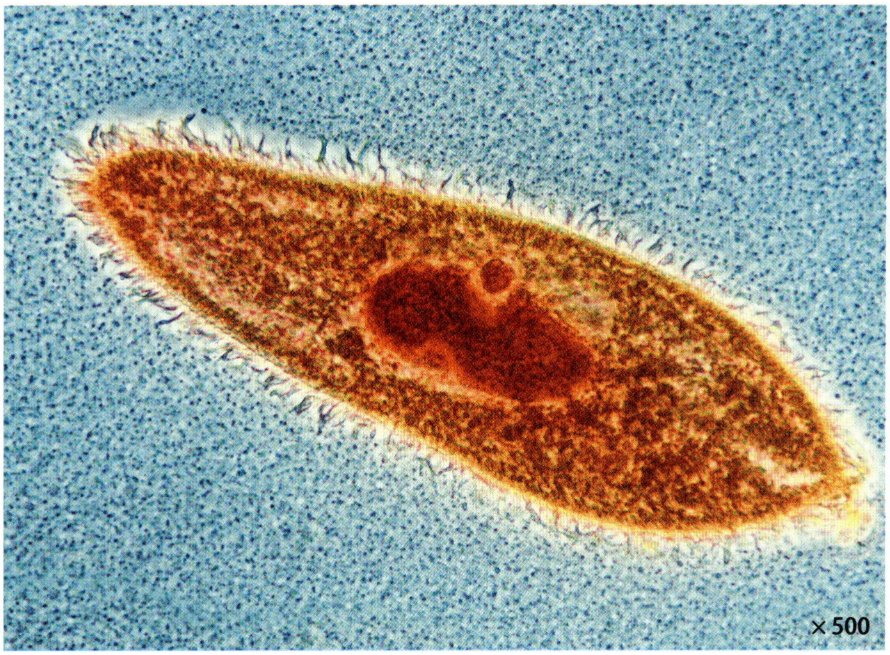

× 500

DOC 3 Un organisme à une seule cellule : une paramécie observée au microscope.

Vocabulaire

- **Muqueuse :** partie superficielle des cavités et des organes creux du corps.

Pistes de travail

1 **Doc. 1 à 3 :** Comparez ces différentes observations avec celles de l'activité précédente (pages 166-167).

2 **Doc. 3 :** Quelle est la particularité de l'organisation d'un être vivant comme la paramécie ?

Bilan : justifiez la phrase : « la cellule est l'unité d'organisation de tous les êtres vivants ».

Le bilan des activités

Chapitre 1 Diversité et unité des êtres vivants

ACTIVITÉ 1 pp. 164-165

De multiples espèces, toutes différentes

Il existe des millions d'espèces différentes d'êtres vivants : c'est la **biodiversité**.
Une **espèce** est un ensemble d'êtres vivants qui se ressemblent, sont capables de se reproduire entre eux et de donner naissance à des individus qui pourront à leur tour se reproduire.
Identifier un être vivant, c'est trouver le nom de l'espèce à laquelle il appartient.

ACTIVITÉ 2 pp.166-167

L'organisation du vivant à l'échelle microscopique

Au niveau microscopique, l'épiderme d'oignon, par exemple, apparaît constitué de petits éléments assemblés : ce sont des **cellules**. Une cellule comporte une **membrane** délimitant le **cytoplasme** dans lequel se trouve le **noyau**.
L'utilisation de microscopes de plus en plus perfectionnés a permis une évolution des connaissances sur l'organisation de ces cellules.

ACTIVITÉ 3 pp. 168-169

Tous les êtres vivants ont un point commun

Au microscope, tous les organismes vivants apparaissent constitués de cellules. Certains sont formés d'une seule cellule : ce sont des **unicellulaires** (par exemple la paramécie), d'autres sont constitués de plusieurs cellules : ce sont des **pluricellulaires** (par exemple l'oignon ou l'être humain). Pour cette raison, on dit que la cellule est **l'unité d'organisation** de tous les organismes vivants.

LE SOCLE COMMUN DE CONNAISSANCES ET DE COMPÉTENCES ... LE SOCLE COMM

Je dois savoir

- Il existe sur Terre de très nombreuses espèces différentes : c'est la biodiversité. Une espèce est un ensemble d'individus qui se ressemblent et sont capables de se reproduire entre eux, de même que leurs descendants.
- Au niveau microscopique, les organismes vivants sont constitués de cellules qui possèdent un noyau, une membrane, du cytoplasme : la cellule est l'unité d'organisation des êtres vivants.
- Certains organismes vivants sont constitués d'une seule cellule, d'autres sont formés d'un nombre important de cellules.

Le schéma-bilan

La biodiversité :
de nombreuses espèces d'êtres vivants

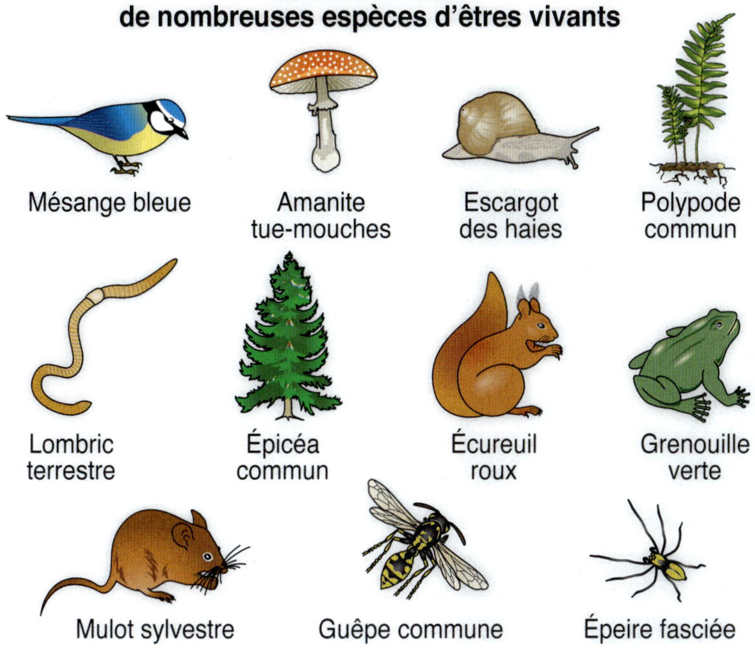

Une espèce

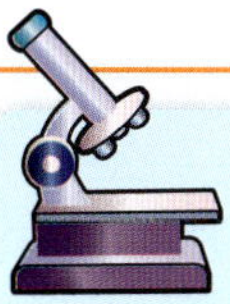

Des êtres vivants sont constitués de très nombreuses cellules.

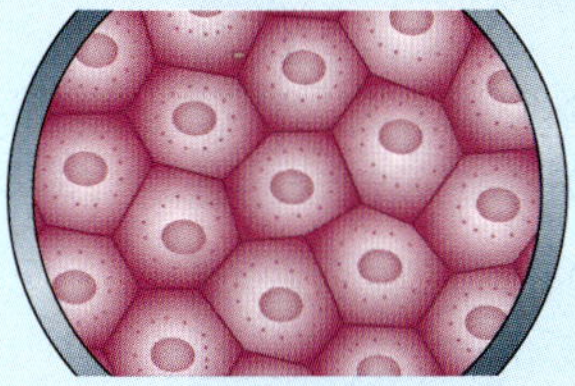

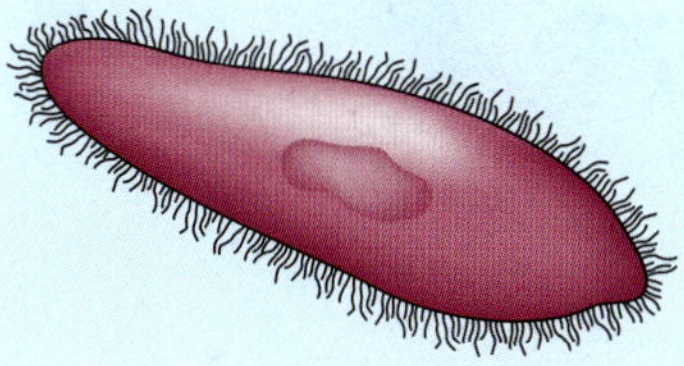

D'autres êtres vivants sont constitués d'une seule cellule.

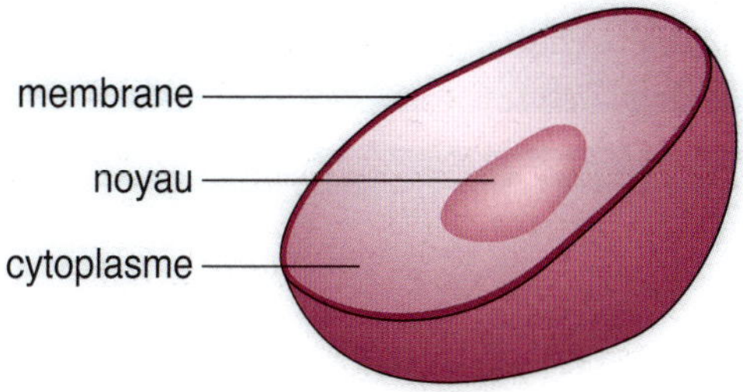

La cellule, unité de tous les êtres vivants

CONNAISSANCES ET DE COMPÉTENCES ... LE SOCLE COMMUN DE CONNAISSANCES ET DE COMPÉTENCES ...

Je sais définir

- Biodiversité
- Espèce
- Cellule
- Unicellulaire
- Pluricellulaire

Je suis capable de

- Observer un organisme vivant afin de l'identifier à l'aide d'une clé de détermination (activité 1).
- Réaliser des préparations microscopiques de cellules animales ou végétales et les observer pour mettre en évidence l'unité du monde vivant (activités 2 et 3).
- Respecter des règles de sécurité (activités 2 et 3).
- Faire, en respectant des consignes, un dessin scientifique pour traduire les observations réalisées (activités 2 et 3).

Exercices

J'apprends à faire un exercice

1 Une ou plusieurs espèces ?

Observer – Exercer son esprit critique

a

b

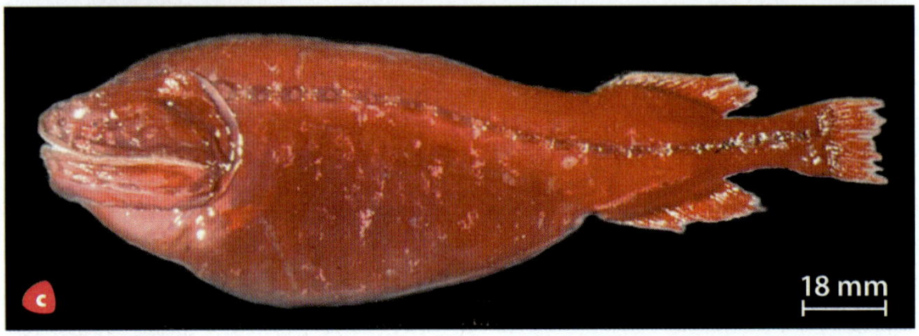

c

Ces trois poissons vivent loin des côtes, dans les eaux très profondes, de telle sorte qu'il n'est pas facile de les observer dans leur environnement naturel.

Ceux récoltés lors de pêches ont longtemps été appelés :

- a poisson velu ;
- b poisson au gros nez ;
- c poisson-baleine.

En réalité, ils appartiennent à la même espèce puisque :

- a est le jeune,
- b est le mâle,
- c est la femelle.

Questions

1. Indiquez au moins trois points communs et trois différences entre ces trois poissons.

2. Rappelez la définition de l'espèce.

3. Expliquez pourquoi l'utilisation de cette définition a abouti, dans un premier temps, à considérer ces trois poissons comme appartenant à des espèces différentes.

4. Critiquez la définition de l'espèce couramment utilisée.

Pour répondre aux questions, je dois...

1. … ne pas me focaliser sur les différences mais penser aussi à trouver des points communs.

2. … utiliser mes connaissances (voir la page 170).

3. … essayer d'utiliser tour à tour les différentes parties de la définition de l'espèce.

4. … utiliser la définition de l'espèce et critiquer chacune des parties de cette définition.

Pour vérifier, vous pouvez comparer vos réponses à la solution page 208.

Je teste mes connaissances

2 Vrai ou faux ?

Repérez les affirmations exactes. Corrigez ensuite celles qui sont inexactes.

a. Deux êtres vivants de la même espèce peuvent se reproduire entre eux.

b. Une cellule est composée d'une membrane, du cytoplasme et d'un noyau.

c. Un être vivant unicellulaire est formé de plusieurs cellules.

d. Les animaux sont les seuls êtres vivants constitués de cellules.

3 Chassez l'intrus en justifiant votre choix

a. Vache ; paramécie ; chien ; oignon.

b. Noyau ; cytoplasme ; épiderme ; membrane.

c. Oculaire ; objectif ; platine ; lamelle.

4 Trouvez le mot caché

Recopiez la grille ci-dessous puis complétez-la à partir des définitions. Découvrez le mot caché.

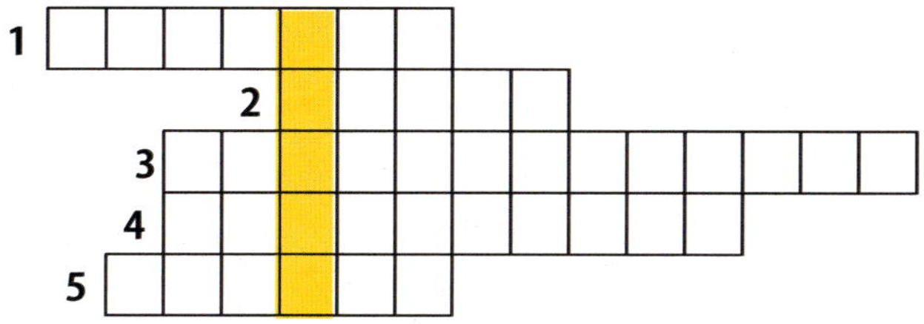

1. Unité microscopique qui constitue tous les êtres vivants.

2. À l'intérieur d'une cellule.

3. Être vivant formé d'une seule cellule.

4. Il est entouré par la membrane de la cellule.

5. Ensemble d'êtres vivants qui peuvent se reproduire entre eux.

J'utilise mes connaissances

5 Distinguer trois espèces de chênes

Observer et rechercher des informations pour identifier

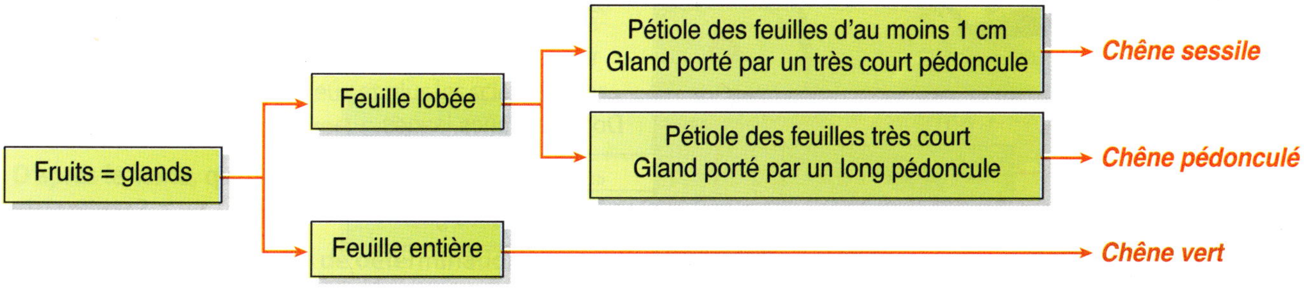

Il existe de nombreuses espèces différentes de chênes. Les photos ci-dessus correspondent aux trois espèces les plus fréquemment rencontrées.

1. **Quel point commun présentent ces trois arbres ?**

2. **Utilisez la clé de détermination pour identifier chacune des trois espèces photographiées.**

Tâche complexe

J'apprends à résoudre un problème… en m'organisant tout seul

11 Comparer des cellules

Observer, comparer, communiquer

SITUATION PROBLÈME

Les êtres vivants sont tous constitués de cellules et pourtant tous les êtres vivants ne se ressemblent pas.
Existe-t-il également une grande diversité de cellules ?

CONSIGNE DE TRAVAIL

À l'aide d'un tableau, comparez les quatre types de cellules présentés ci-dessous et identifiez des points communs.

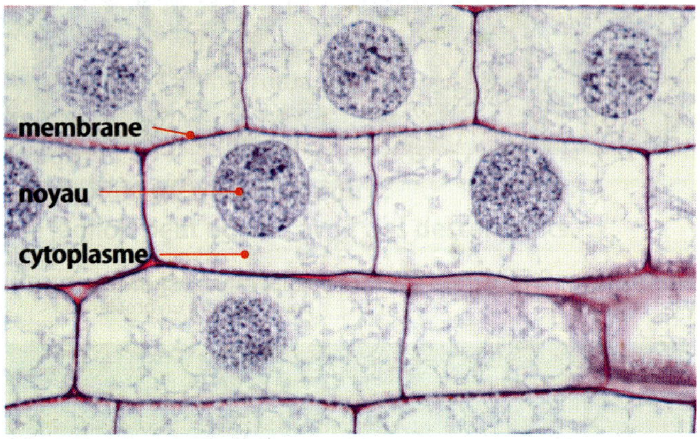

a Des cellules d'épiderme d'oignon

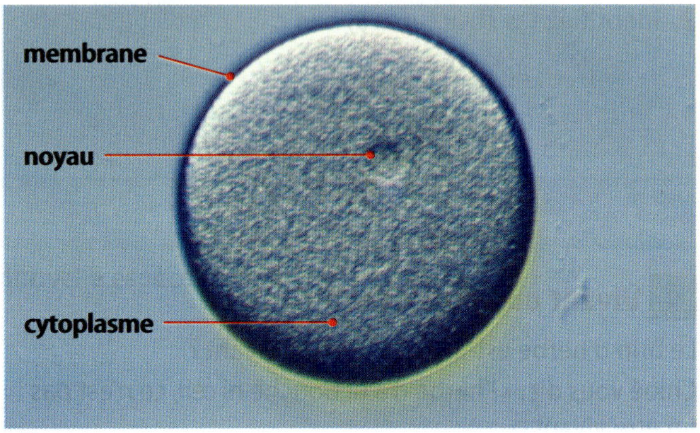

b Un ovule

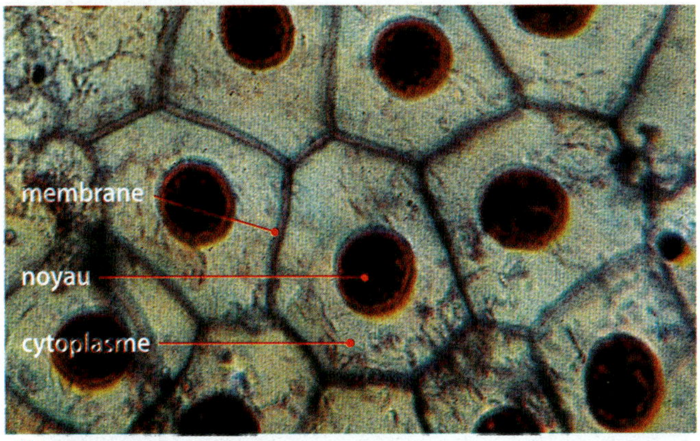

c Des cellules de peau de grenouille

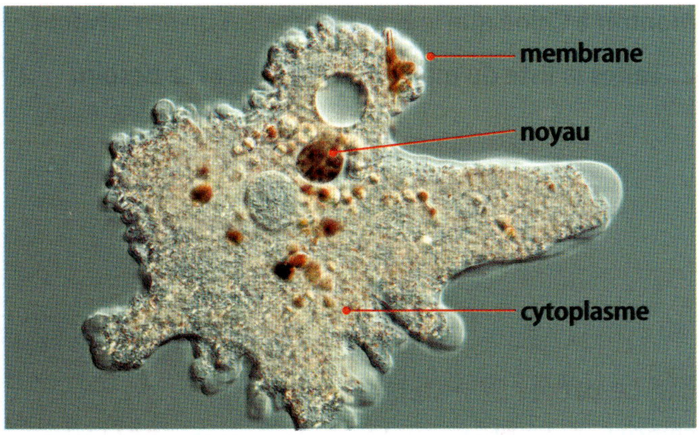

d Une amibe

COUP DE POUCE

1. **Si j'ai besoin d'aide pour me rappeler ce qu'est une cellule** → je vais page 167.
2. **Si j'ai besoin d'aide pour démarrer :**
   → je décris chaque cellule, l'une après l'autre, en construisant une liste de caractéristiques pour chacune d'elles, puis j'organise ces caractéristiques par catégorie (par exemple une catégorie pour le nombre de cellules, une pour leur taille, si elles sont collées les unes aux autres ou non, si elles ont un noyau ou non…),
   ou
   → je choisis des catégories (par exemple le nombre de cellules, leur taille, si elles sont collées les unes aux autres ou non, si elles ont un noyau au non…) et pour chaque catégorie, je décris chaque type de cellule.
3. **Si j'ai besoin d'aide pour construire un tableau** → je vais page 198.

Chapitre 2

Parentés et classification des êtres vivants

Les vertébrés du Muséum National d'Histoire Naturelle.

Même s'ils sont très différents, tous les êtres vivants ont un point commun qui témoigne d'une parenté : ils sont formés de cellules.

D'autres points communs permettent aux scientifiques d'établir des parentés plus proches et donc de classer les espèces vivantes.

Sur quel principe se fonde cette classification scientifique ?

ACTIVITÉ 1

Les principes de la classification scientifique

Pour classer les êtres vivants, les scientifiques utilisent de nombreux critères et ont établi une méthode.

Quels sont les principes de la classification des êtres vivants ?

A Chaque espèce est caractérisée par des attributs

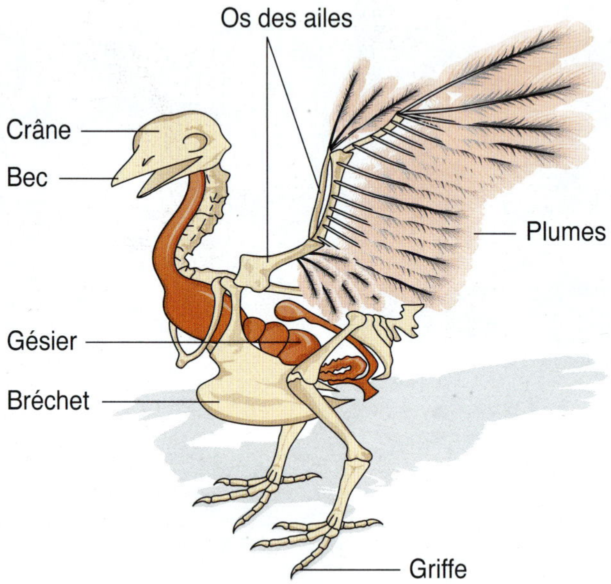

DOC 1 Le rouge-gorge familier possède des **attributs** très caractéristiques.

DOC 2 Les attributs caractéristiques du cerisier commun : comme chez beaucoup de plantes, ces attributs ne sont pas observables toute l'année.

B Classer en fonction d'attributs possédés en commun

Je manipule

→ Utilisez le matériel mis à disposition (boîtes de différentes dimensions et étiquettes) et le tableau ci-dessous pour classer les photographies des êtres vivants.

→ Collez une étiquette correspondant à un attribut sur une boîte.

→ Placez dans cette boîte les photographies des animaux qui possèdent cet attribut.

Attention ! il faut coller les étiquettes de façon à ce que certaines boîtes puissent être placées les unes dans les autres. Il faut donc commencer par l'attribut présent chez le plus grand nombre d'êtres vivants.

Attributs / Espèces	Pattes	Plumes	Yeux et bouche	Poils et mamelles	Nageoires rayonnées
Écureuil	+	–	+	+	–
Mésange	+	+	+	–	–
Perche	–	–	+	–	+
Canard	+	+	+	–	–
Chat	+	–	+	+	–

DOC 3 Classer des êtres vivants : il s'agit de faire des groupes en fonction d'attributs qu'ils partagent. Les attributs à prendre en compte sont définis par les scientifiques.

Vocabulaire

- **Attribut :** ici, ce mot désigne tout élément qui caractérise un être vivant et qui est utilisé comme critère de classification.

Pistes de travail

1 Doc. 1 : Citez différents attributs présents chez le rouge-gorge. Choisissez d'autres exemples d'êtres vivants (par exemple présents dans l'environnement du collège) et nommez quelques-uns de leurs attributs.

2 Doc. 2 : Quels sont les attributs du cerisier ?

3 Doc. 1 et 2 : Quel attribut, commun à tous les êtres vivants, connaissez-vous déjà ?

4 Doc. 2 : Représentez schématiquement, par des rectangles de couleurs différentes, la classification finalement réalisée.

Bilan : faites une phrase exprimant à quelle condition deux êtres vivants peuvent être classés dans un même groupe.

ACTIVITÉ 2

Classer une collection d'animaux

Nous avons vu que la classification scientifique repose sur quelques principes simples : les êtres vivants sont classés en groupes emboîtés définis à partir des attributs qu'ils ont en commun.

Comment applique-t-on ces principes pour classer les animaux rencontrés ?

A La recherche d'informations permettant de classer un être vivant

Escargot des haies

Guêpe commune

Grenouille verte

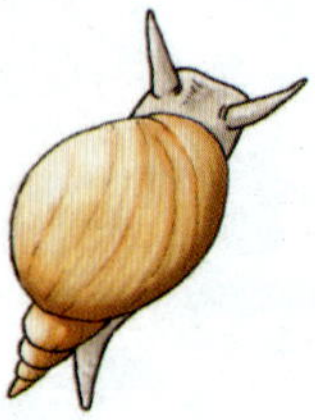
Limnée des étangs

Gardon blanc

Agrion élégant

Argiope fasciée

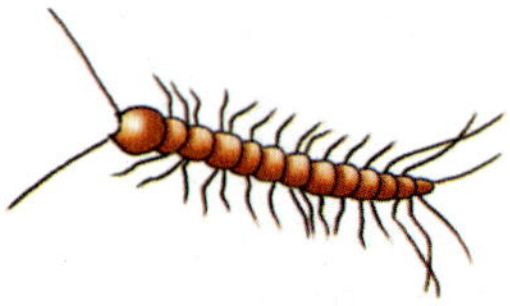
Lithobie à pinces

DOC 1 Des animaux à classer.

Mue d'une libellule : l'animal s'extirpe de son squelette externe.

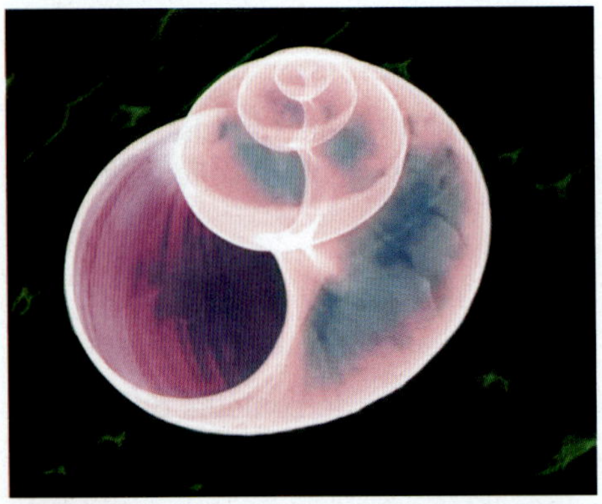
Coquille protégeant le corps mou d'un escargot.

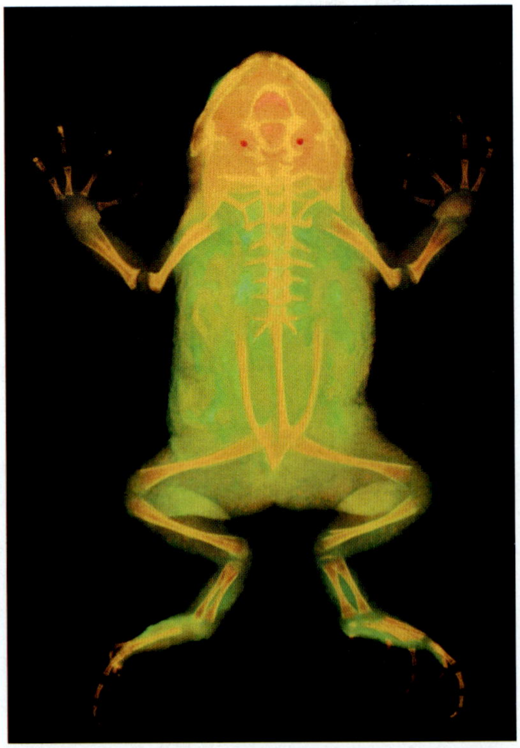
Une radiographie permet de voir le squelette interne de cette grenouille.

DOC 2 Trois attributs pour faire un premier classement.

B La recherche d'informations permettant de créer d'autres groupes

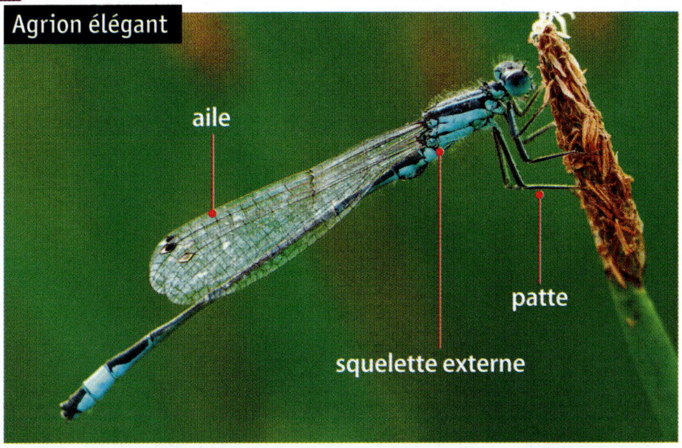

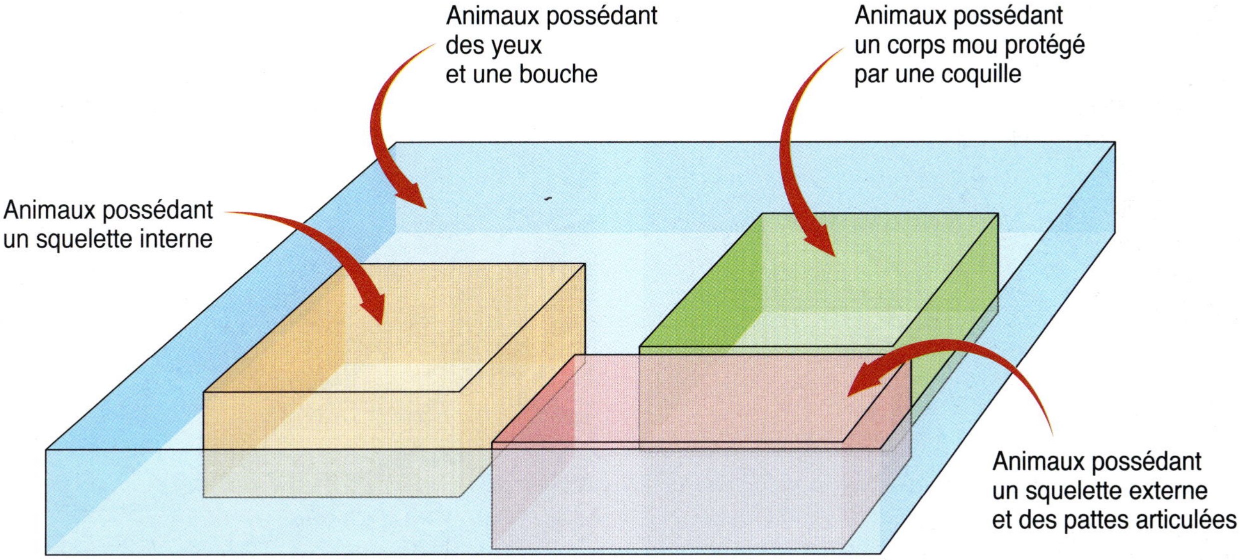

DOC 3 Des attributs qui permettent d'affiner la classification.

Pistes de travail

1 Doc. 1 à 3 : En fonction des attributs présentés sur le **Doc. 2**, placez les huit animaux proposés dans la classification présentée par le **Doc. 3**.

2 Doc. 3 : Poursuivez cette classification en prenant en compte d'autres attributs repérés sur ces photographies.

3 Doc. 1 à 3 : Placez, dans votre classification, les autres animaux rencontrés autour du collège.

Bilan : présentez schématiquement, sous forme de rectangles de couleur emboîtés, la classification réalisée.

ACTIVITÉ 3

Classer une collection de plantes

Dans notre environnement, il existe un très grand nombre d'espèces végétales qui présentent des différences mais aussi des caractères communs.

Comment classe-t-on ces plantes?

A Quelques attributs utilisés pour classer les plantes

DOC 1 Une feuille est un organe de forme très variable porté par une tige.
Une feuille contient de la **chlorophylle** et possède des nervures dans lesquelles circule la sève.

Chez certaines plantes, les graines sont portées par les écailles d'un cône.

Chez d'autres plantes, les graines sont contenues dans un fruit provenant de la transformation de la fleur.

DOC 2 Les attributs des graines sont souvent utilisés pour classer les plantes.

B L'utilisation de la classification des plantes

Pin sylvestre

Attributs / Espèces	Chlorophylle	Feuille nervurée	Tige	Graine	Cône	Fleur/fruit
Pin	+	+	+	+	+	–
Polypode	+	+	+	–	–	–
Jonquille	+	+	+	+	–	+
Marronnier	+	+	+	+	–	+
Thuya	+	+	+	+	+	–

Marronnier d'Inde

Jonquille des bois

Thuya du Canada

Polypode commun

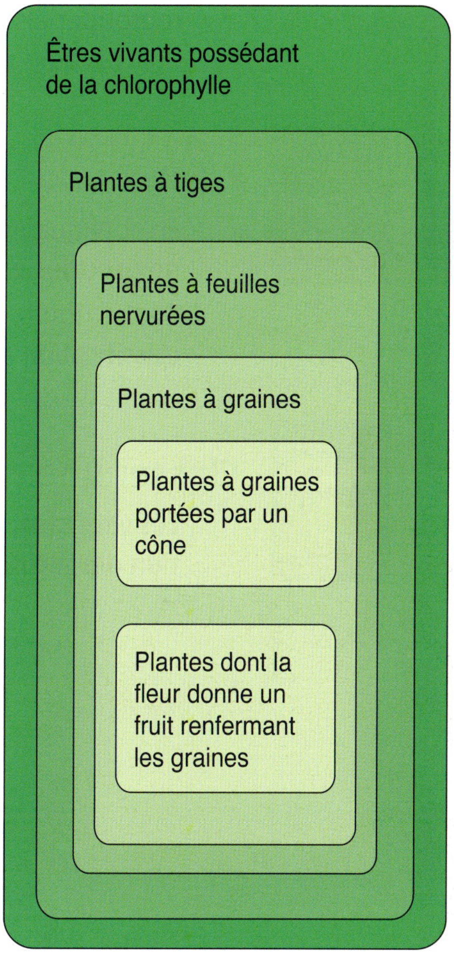

DOC 3 La classification des plantes repose sur les mêmes principes que la classification animale.

Lexique

- **Chlorophylle :** pigment contenu dans certaines cellules des plantes, responsable de leur couleur verte.

Pistes de travail

1 Doc. 1 : Montrez qu'une aiguille d'épicéa répond à la définition de la feuille.

2 Doc. 2 : Où peuvent-être situées les graines d'une plante ?

3 Doc. 1 à 3 : Placez les plantes présentées par les photographies du Doc. 3 dans la classification des plantes.

Bilan : montrez que la classification des plantes repose sur les mêmes principes que la classification des animaux.

Le bilan des activités

Chapitre 2 Parentés et classification des êtres vivants

ACTIVITÉ 1 pp. 178-179

Les principes de la classification scientifique

Classer des êtres vivants consiste à les regrouper en fonction d'attributs qu'ils ont **en commun**. Un **attribut** est un caractère possédé par une espèce (yeux, nombre de pattes, plumes, poils, chlorophylle, graines…).

La cellule étant l'unité d'organisation des êtres vivants, c'est l'attribut qui permet de regrouper tous les êtres vivants. Au sein de ce premier ensemble, on peut par exemple regrouper les animaux qui ont des pattes. Parmi ceux-ci, on peut distinguer ceux qui ont des poils et ceux qui ont des plumes, etc.

ACTIVITÉ 2 pp. 180-181

Classer une collection d'animaux

En appliquant les principes vus précédemment, on peut classer les animaux sous forme de **groupes emboîtés** définis à partir des attributs qu'ils possèdent en commun.

Ces attributs, définis par les scientifiques, permettent de situer les animaux dans la classification actuelle.

ACTIVITÉ 3 pp. 182-183

Classer une collection de plantes

Les végétaux, comme les animaux, peuvent être classés en groupes emboîtés en fonction des attributs qu'ils possèdent en commun.

LE SOCLE COMMUN DE CONNAISSANCES ET DE COMPÉTENCES … LE SOCLE COMM

Je dois savoir

- Les êtres vivants sont classés en groupes emboîtés.
- Chaque groupe est défini par au moins un attribut que les organismes possèdent en commun.
- Les attributs définis par les scientifiques permettent de situer des organismes vivants dans la classification actuelle.

Le schéma-bilan

Un être vivant est caractérisé par des attributs

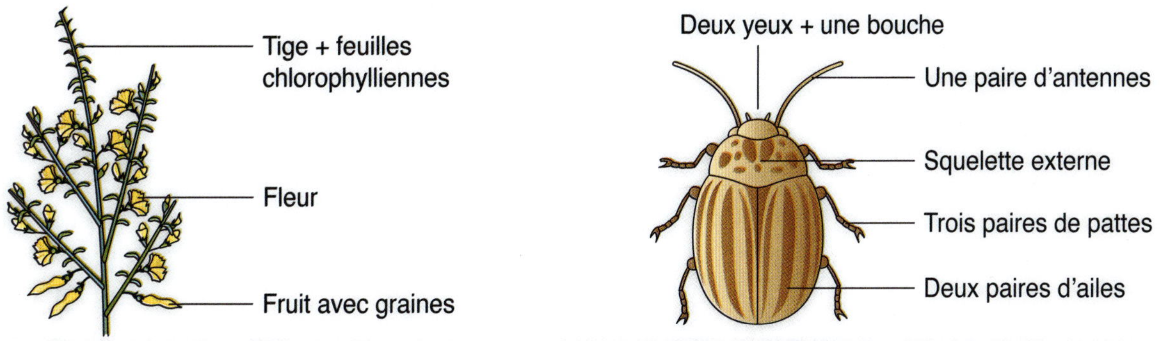

Les êtres vivants sont regroupés à partir d'attributs qu'ils possèdent en commun

Les êtres vivants sont classés en groupes emboîtés définis par des attributs communs

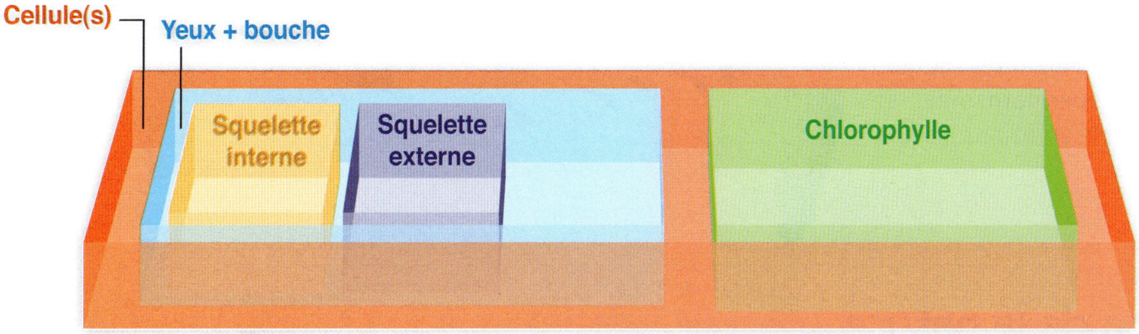

CONNAISSANCES ET DE COMPÉTENCES ... LE SOCLE COMMUN DE CONNAISSANCES ET DE COMPÉTENCES ...

Je sais définir

- Attribut
- Groupes emboîtés
- Classification des êtres vivants

Je suis capable de

- Observer et comparer des êtres vivants afin de trouver les attributs qu'ils possèdent en commun (activité 1).
- Classer une collection d'animaux ou de plantes en construisant des groupes emboîtés (activités 2 et 3).
- Observer et m'informer pour placer un organisme vivant dans la classification actuelle (activités 2 et 3).

Le coin des curieux

Sciences et Histoire

Ce microscope pouvait grossir 200 fois !

Antoni van Leeuwenhoek (1632-1723) n'était pas un scientifique. D'abord apprenti drapier à Amsterdam, il se passionne pour la fabrication de minuscules microscopes à une seule lentille qu'il utilise pour vérifier la qualité de ses étoffes. Sa curiosité l'incite cependant à multiplier les observations de toutes natures. Il est ainsi le premier à observer des êtres vivants microscopiques, qu'il appelle « animalcules » et dont il fait des dessins très précis.

Il découvrira également les cellules sanguines, les spermatozoïdes et continuera ses observations jusqu'à sa mort.

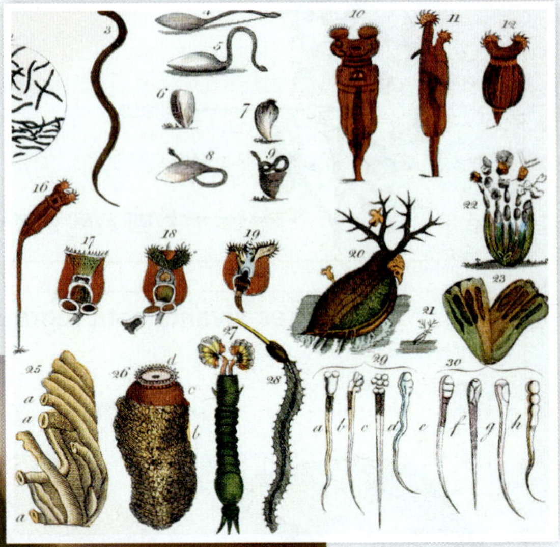

Quelques « animalcules » observés et dessinés par Leeuwenhoek.

Curiosité de la nature

Une étrange créature...

■ En 2005, lors d'une plongée dans le Pacifique oriental à 1 000 km de l'île de Pâques, le chercheur français Michel Segonzac, de l'Ifremer, a pu récolter ce spécimen à plus de 2 300 m de profondeur. Cet étrange animal, de 15 cm de long, est un crabe dépourvu d'yeux et couvert de poils. La galathée yéti étant une espèce nouvelle, cette découverte montre que l'on ne connaît pas encore toute la biodiversité.

Pourquoi, à votre avis, cet animal a-t-il été classé parmi les crabes ?

Sciences in English

Harry Potter's magical creatures

Can you find the good description of Hagrid's Hippogriff?

1. It has a big root underground which looks like a baby.
2. This creature has the head of a giant eagle and the body of a horse.
3. It is a very big dog. It has a body, three necks and three heads.

The right answer is number 2, but this animal doesn't exist!

Les métiers liés à la biodiversité

Parmi de nombreux métiers liés à la connaissance de la diversité des espèces, le taxidermiste est chargé de la conservation des animaux et tente de leur donner un aspect semblable à celui qu'ils avaient de leur vivant :
- il travaille pour les musées scientifiques ou des particuliers ;
- il alimente les collections nationales pour la conservation d'animaux en voie de disparition.

Questions à :
Marie-France Larigauderie, taxidermiste au Museum d'Orleans

Qu'est-ce qui vous a attiré dans ce métier ?
Le lien avec les animaux, la minutie et la dextérité.

Quels sont les animaux sur lesquels vous préférez travailler ?
Une bonne connaissance du mode de vie des oiseaux et des petits mammifères m'a orientée de plus en plus vers ces animaux.

Environnement Développement durable

Préserver la

Quelques espèces menacées

L'abeille

- Partout dans le monde, le taux de mortalité des **abeilles** atteint des records. Or, ces insectes sont indispensables à la pollinisation de nombreuses espèces cultivées.
- En 2007, une estimation des pertes financières liées à la disparition des abeilles est réalisée : près de 15 milliards de dollars rien qu'aux États-Unis.
- Les causes de disparition des abeilles (virus, insecticides...) sont probablement multiples.

Le teck

- Le **teck** est un arbre tropical produisant un bois aux qualités exceptionnelles. Il est commercialisé depuis longtemps, notamment pour faire des meubles.
- Les forêts naturelles de teck, situées en Inde, en Thaïlande et en Birmanie sont aujourd'hui menacées. Ces forêts tropicales abritent une biodiversité considérable : nombreuses espèces de plantes, d'insectes, d'oiseaux que l'on ne trouve nulle part ailleurs.

Des solutions à mettre en œuvre

Des jachères fleuries pour favoriser les insectes pollinisateurs

- Les **jachères fleuries** sont des surfaces plantées de fleurs variées : elles offrent aux insectes butineurs des pollens de bonne qualité.
- Cette pratique peut avoir un impact positif à condition toutefois de prendre en compte les contraintes pour l'agriculteur : coût des semences, diminution de la surface cultivée, impact sur les récoltes etc.

biodiversité

Le thon rouge

- L'exploitation du **thon rouge** a aujourd'hui atteint un niveau jamais égalé. Dans l'ensemble de l'Atlantique est et du bassin méditerranéen, le volume des captures de thon rouge se situe, depuis une décennie, autour de 50 000 à 60 000 tonnes par an, c'est-à-dire deux à trois fois plus que sa capacité de reproduction.
- Divers circuits commerciaux encouragent cette surpêche : un thon rouge méditerranéen peut se vendre à plus de 35 000 euros sur les marchés de Tokyo !

La tortue grecque

- La « **tortue grecque** » vit en réalité en Afrique du nord et dans le sud de l'Espagne. La survie de l'espèce est aujourd'hui menacée par le commerce : dans les années 1960 et 1970, jusqu'à un million de ces animaux étaient capturés chaque année !
- Encore aujourd'hui, des dizaines de milliers de tortues grecques sont vendues aux touristes chaque année.

Recommandations, règlementations et labels : quelques exemples

La **Commission internationale** pour la conservation des thonidés préconise de limiter à 22 000 tonnes par an la pêche de thon rouge. En 2008, la Marine Nationale a affrété un bateau, le « Grèbe » (photographie) pour faire respecter ces quotas en Méditerranée.

©1996 Forest Stewardship Council A.C.

Le **FSC** est une association soutenue par des organisations environnementales et sociales et par des acteurs de l'économie forestière et du bois. La présence du label FSC (voir par exemple la couverture de vos manuels scolaires) assure que le produit respecte la gestion durable des forêts. Par exemple, le bois peut provenir de forêts certifiées FSC, plantées ou naturelles.

Convention sur le commerce international des espèces de faune et de flore sauvages menacées d'extinction.

La **CITES**, plus connue sous le nom de *« Convention de Washington »*, est un accord intergouvernemental. Son objectif est de protéger les espèces animales et végétales menacées d'extinction par les échanges internationaux en contrôlant leur commerce.

Guide pratique

Guide pratique

Effectuer une sortie dans l'environnement proche

A Avant la sortie

1 Se préparer !

- Dans le carnet de terrain, on peut préparer ce que l'on veut faire, observer ou mesurer comme sur le modèle ci-contre.
- Si l'on souhaite prélever des échantillons, on peut coller des étiquettes sur les sacs en plastique et sur les boîtes.

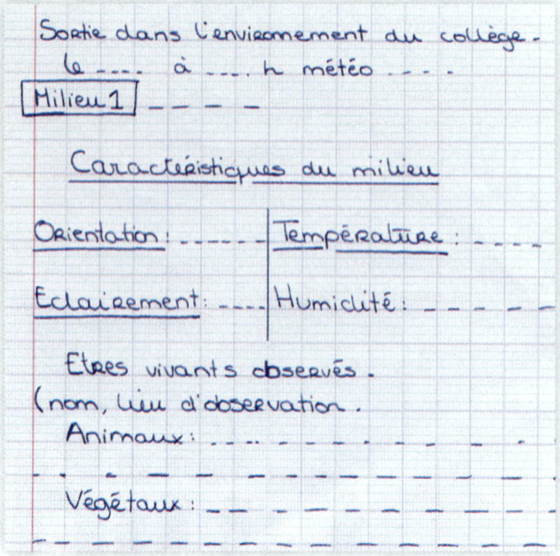

Le matériel

→ **Pour chaque élève :**
cahier de brouillon ou carnet, crayon à papier, sacs en plastique, boîtes, étiquettes.

→ **Pour l'ensemble de la classe :**
carte locale, boussoles, GPS portable, instruments de mesure (thermomètres, luxmètres, hygromètres, console portable), appareil photographique.

B Pendant la sortie

2 Se repérer

- On peut utiliser une carte et une boussole (l'aiguille colorée de la boussole indique toujours le nord) (a).
- On peut utiliser un GPS qui fournit la latitude et la longitude d'un point, permettant ainsi de se repérer à quelques mètres près sur une carte (b).

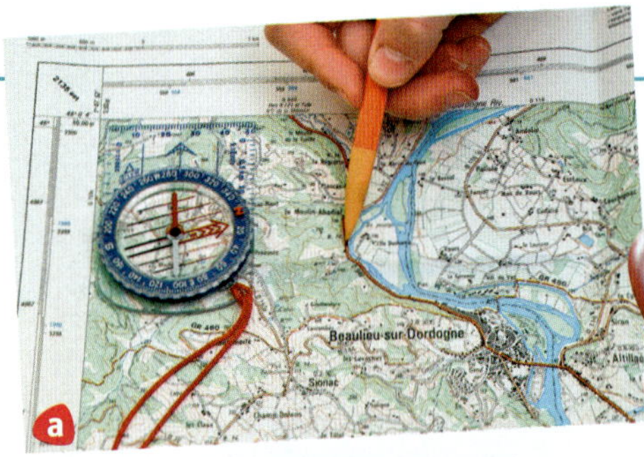

a

b

3 Observer les êtres vivants

- On peut décrire les animaux et les végétaux, noter leur nom.
- On peut prendre des photographies (c).
- On peut récolter des échantillons de végétaux (plantes entières, feuilles…). Il faut les placer dans un sac plastique et indiquer le lieu de la récolte sur l'étiquette (d).

c

d

4 Mesurer les caractéristiques du milieu

- On utilise les instruments de mesure apportés (luxmètre, thermomètre…) (e).

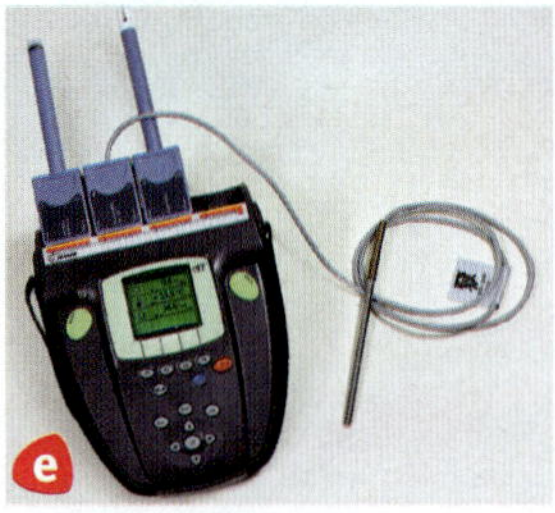
e

Attention !
Ne prélevez pas les espèces protégées. Relâchez rapidement les animaux dans l'environnement.

C Après la sortie

5 Rendre compte de la sortie

- Pour chacun des lieux explorés, on peut présenter les informations mesurées, les photos prises et les échantillons récoltés par un texte illustré ou une affiche.
- On peut identifier les êtres vivants, observés ou récoltés, à l'aide de clés de détermination (par exemple, pour les feuilles des arbres, utiliser la double page de début de livre).
- Si l'on souhaite réaliser un herbier, il faut le faire sans tarder pour que les échantillons ne s'abiment pas (voir page ci-contre).

Réaliser un herbier

Le matériel

- Feuilles de papier journal.
- Gros livres (dictionnaires, annuaires…).
- Feuilles de dessin.
- Ruban adhésif.
- Étiquettes.
- Ciseaux, stylo…

1 Préparer le séchage des échantillons

- Placer chaque plante bien à plat et parfaitement étalée entre deux feuilles de papier journal.
- Penser à noter sur la feuille de journal ou sur une étiquette le nom de la plante, le lieu et la date de la récolte.
- Mettre sous presse (sous de gros livres) la pile de feuilles de journaux contenant les plantes.

2 Surveiller le séchage des échantillons pendant 15 jours

- Vérifier fréquemment l'état des plantes.
- Changer le papier journal s'il est trop humide (cela évite le développement de moisissures).

3 Présenter les échantillons

- Fixer chaque échantillon séché à plat, au centre d'une feuille à dessin, à l'aide de fines bandes de papier adhésif (on placera une seule plante par feuille de dessin).
- Préparer l'étiquette selon le modèle ci-contre puis la coller en bas de la feuille.

4 Présenter l'herbier

- Ranger les feuilles dans un classeur.
- Faire une page de présentation en indiquant votre nom, votre classe et un titre.

Apprendre à lire un tableau

Comprendre ce que représente le tableau en s'aidant du titre du tableau.

Comprendre comment le tableau est organisé en lisant les titres des lignes et/ou des colonnes.

S'il s'agit d'un tri, de la présentation d'informations en fonction de catégories : ce sont des tableaux simples.

Si le tableau met en relation des informations : ce sont des tableaux à double entrée.

A Tableau simple

Tableaux simples à lecture en colonne

Les titres, dans la première ligne, identifient les informations de la colonne : la lecture s'effectue en colonne.

Composantes minérales	Êtres vivants	Manifestations de l'activité humaine
Sable, étang.	Herbe, abeilles, papillons, escargots, chêne, sapin.	Route, maison.

Les composantes d'un environnement.

Tableaux simples à lecture en ligne

Les titres, dans la première colonne, identifient les informations de la ligne : la lecture s'effectue en ligne.

Parmi les êtres vivants de cet environnement, on trouve : l'herbe, les abeilles…

Composantes minérales	Sable, étang.
Êtres vivants	Herbe, abeilles, papillons, escargots, chêne, sapin.
Manifestations de l'activité humaine	Route, maison.

Les composantes d'un environnement.

B Tableaux à double entrée

Tableaux à double entrée à lecture croisée

Les informations de chaque ligne sont en relation avec les informations de chaque colonne : la lecture est croisée. Ici, par exemple, le nombre de pattes de l'araignée est de huit.

Attributs \ Espèces	Abeille	Araignée	Crabe
Squelette externe	présent	présent	présent
Pattes	6	8	10
Antennes	présentes	absentes	présentes

Attributs de quelques êtres vivants.

Autres tableaux à double entrée

Quantité d'engrais (en kg/ha)	0	50	100	150
Rendement de la culture de blé (en t/ha)	3	4	4,8	5,3

Les informations sont mises en relation par colonne. Par exemple, lorsque l'on met 50 kg/ha d'engrais, la culture de blé a un rendement de 4 t/ha.

Influence des apports nutritifs sur le rendement d'une culture de blé.

Temps (en mois)	Longueur de la coquille (en mm)
1	10
2	22
3	28
4	30

Les informations sont mises en relation par ligne. Par exemple, au bout de 2 mois, la coquille a une longueur de 22 mm.

Évolution de la longueur de la coquille d'un escargot en fonction du temps.

Vérifier que l'on a bien compris en s'exerçant sur quelques informations (cases).

Apprendre à construire un tableau

A Cas d'un tableau à double entrée à lecture croisée

On fait un tableau à double entrée quand on veut présenter une relation entre des informations.

1. Choisir les informations à présenter en colonnes et celles à présenter en lignes en fonction de la place disponible.
Classiquement, ce sont les données que l'on cherche à expliquer ou comparer que l'on met en colonnes.

2. Déterminer combien de colonnes et combien de lignes sont nécessaires.
Penser à ajouter une ligne et/ou une colonne pour les titres.

3. Déterminer la largeur des colonnes et la hauteur des lignes (si l'on ne sait pas quelle hauteur de ligne est nécessaire, on construira ligne par ligne).
Tracer les traits à la règle.

4. Indiquer les titres des colonnes et/ou des lignes. Ces intitulés peuvent être mis en valeur, par exemple avec des couleurs. Penser **aux unités** (s'il y en a).

5. Remplir les cases du tableau à partir des informations.

6. Compléter par un titre.

Exemple : présentation des animaux observés lors de deux recensements effectués à des moments différents, pour pouvoir les comparer facilement.

Le recensement ayant été fait dans le but de comparer les êtres vivants visibles à deux moments de la journée : ces deux moments de la journée sont en colonnes. Cette organisation facilite la construction car on peut ajouter autant de lignes qu'il est nécessaire.

Recensement / Espèces identifiées	Animaux visibles de 12 h à 13 h	Animaux visibles de 23 h à 24 h
Abeilles	52	0
Papillons de jour	5	7
Papillons de nuit	…	…

Un recensement des animaux d'un jardin selon le moment d'une journée d'été.

B Cas d'un tableau simple

On fait un tableau simple quand on veut faire un tri, présenter des informations en fonction de catégories.

C'est plus facile ! Mais il faut choisir le mode de présentation, en ligne ou en colonne en fonction de la place disponible. Le plus simple est de faire un tableau à lecture en colonnes (sauf s'il y a beaucoup de catégories).

Exemple : présentation des composantes d'un environnement (voir page ci-contre)

Apprendre à lire un graphique

A Le graphique avec une courbe

1. Lire le **titre** : de quoi parle le graphique ?

2. Repérer le **paramètre mesuré** sur l'**axe vertical** (axe des ordonnées) et son **unité** : qu'est-ce qui a été mesuré ?

3. Repérer le paramètre **connu** sur l'**axe horizontal** (axe des abscisses) et son **unité** : en fonction de quoi ?

4. Avec une règle ou bien en traçant des lignes pointillées, on peut mettre **en relation** une valeur de l'axe vertical et une valeur de l'axe horizontal.

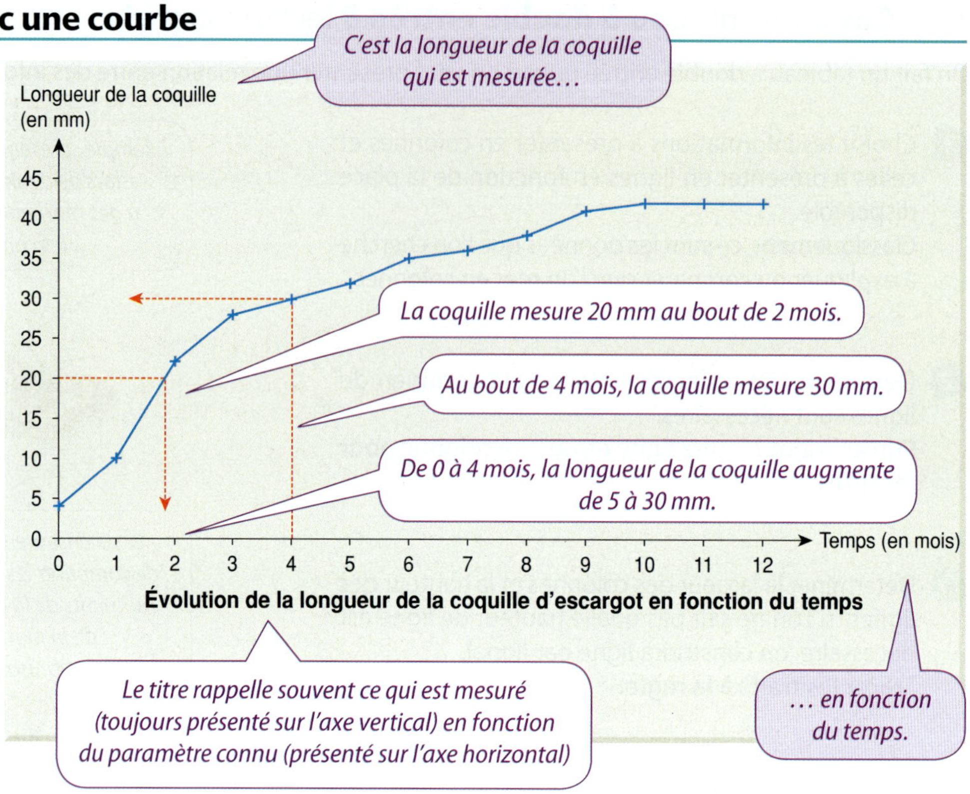

Évolution de la longueur de la coquille d'escargot en fonction du temps

5. Selon ce que l'on veut faire, on peut :
- comprendre comment évolue la valeur mesurée sur l'ensemble de la courbe ou sur chaque partie (cette valeur augmente, diminue ou reste constante) ;
- repérer des points remarquables (maximum, minimum…).

B D'autres type de graphiques

Diagramme en bâtons

Ce type de graphique présente des valeurs de catégories :
- la hauteur de chaque rectangle représente le plus souvent une quantité (lecture sur l'axe vertical). La largeur du rectangle n'a pas de signification.
- l'axe horizontal indique uniquement à quoi correspond chaque rectangle.

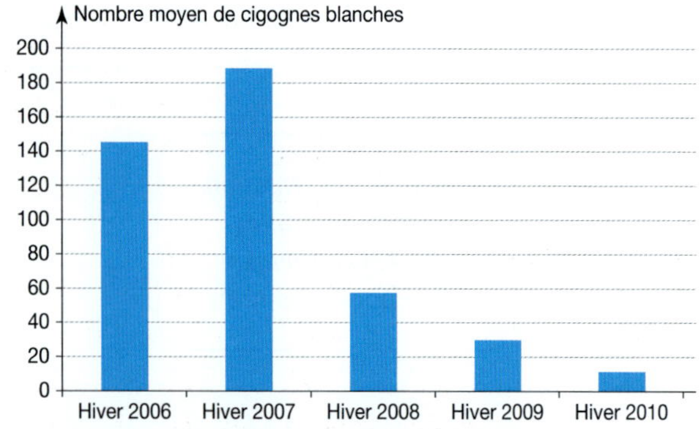

Comptage hivernal des cigognes blanches du parc ornithologique du Teich.

Diagramme circulaire (ou « camembert »)

Ce type de graphique présente une distribution par catégories :
- le disque correspond à l'ensemble des catégories : c'est donc 100 %.
- chaque secteur représente une catégorie : la taille du secteur correspond au pourcentage de cette catégorie, qui est précisé par une valeur chiffrée.

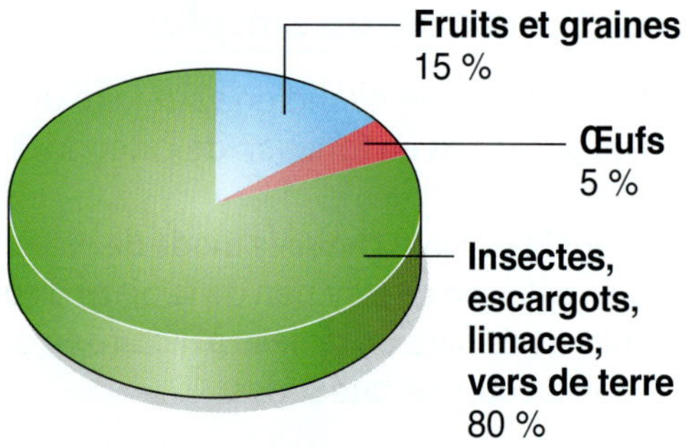

Régime alimentaire du hérisson d'Europe.

Expérimenter et analyser des résultats

Exemple d'une expérience permettant de tester l'hypothèse suivante : « Pour que la pâte à pain puisse gonfler, il faut la laisser reposer une heure ».

1 Imaginer ou comprendre le protocole expérimental

■ Dans une expérience, il y a toujours un **témoin**, c'est-à-dire un dispositif dans lequel le **paramètre** que l'on étudie est différent.

■ C'est cette différence qui permettra, en comparant les résultats, de les interpréter puis de conclure.

■ Pour pouvoir **comparer** deux résultats expérimentaux, il faut qu'un **seul paramètre** soit différent entre les deux dispositifs.

2 Recueillir et présenter les résultats

■ Si l'on peut, on réalise le protocole (matériel, conditions de sécurité…) et on présente les résultats, selon le cas, par des photographies, des dessins, des mesures…

■ Dans tous les cas, on décrit chaque résultat par un texte court.

3 Interpréter

■ On compare les résultats des deux dispositifs. S'il y a une différence, elle est due au seul paramètre qui est différent.

4 Conclure

■ On revient sur l'hypothèse testée. On la valide ou on la rejette en fonction des résultats et de leur interprétation.

	Expérience	
	Dispositif 1 (témoin)	**Dispositif 2**
Protocole expérimental	• Mélanger 5 g de levure et 150 g d'eau. Ajouter 250 g de farine et 5 g de sel. • Pétrir longuement le pâton. • **Faire cuire immédiatement** le pâton 30 minutes à four chaud.	• Mélanger 5 g de levure et 150 g d'eau. Ajouter 250 g de farine et 5 g de sel. • Pétrir longuement le pâton. • **Laisser reposer une heure** le pâton, puis le faire cuire 30 minutes à four chaud.
Résultats expérimentaux	Les pâtons avant la cuisson  Les pains après la cuisson 	
Description des résultats	Sans temps de repos, le pâton **n'a pas gonflé**. Après cuisson, le pain présente une **mie dense**.	Avec 1 heure de repos, le **pâton a gonflé**. Après cuisson, le pain présente une **mie aérée**.
Conclusion	L'hypothèse qui propose que **le repos de la pâte à pain est important pour son gonflement** est validée.	

Ici, le seul paramètre qui diffère est le repos de la pâte.

La différence de résultat ne peut être due qu'à ce repos.

Les résultats permettent donc de valider l'hypothèse.

Rendre compte d'une observation par un dessin

A Le dessin

1 Préparer la mise en page

- Réfléchir à la dimension du dessin sur la feuille : l'ensemble du dessin et des légendes doit prendre environ une demi-page.
- Orienter la feuille : portait ou paysage.
- Tracer une marge à droite de la feuille.

2 Réaliser le dessin d'observation au crayon à papier

- Représenter les principaux éléments en respectant la forme, la disposition, les dimensions des structures observées.
- Ajouter les détails en rapport avec le problème posé.
- Tracer des traits fins, nets, continus.

3 Rédiger les légendes et le titre au crayon à papier

- Rédiger les légendes dans la marge à droite en utilisant le vocabulaire scientifique, sans fautes d'orthographe.
- Tracer les traits des légendes à la règle, sans les croiser, en désignant précisément la structure à légender.
- Rédiger un titre précis avec le nom de l'objet observé, le colorant éventuellement utilisé, l'outil d'observation et le grossissement.

Ici, il s'agit d'une orientation portrait.

Pour écrire horizontalement, on peut tracer un trait fin et écrire dessus.

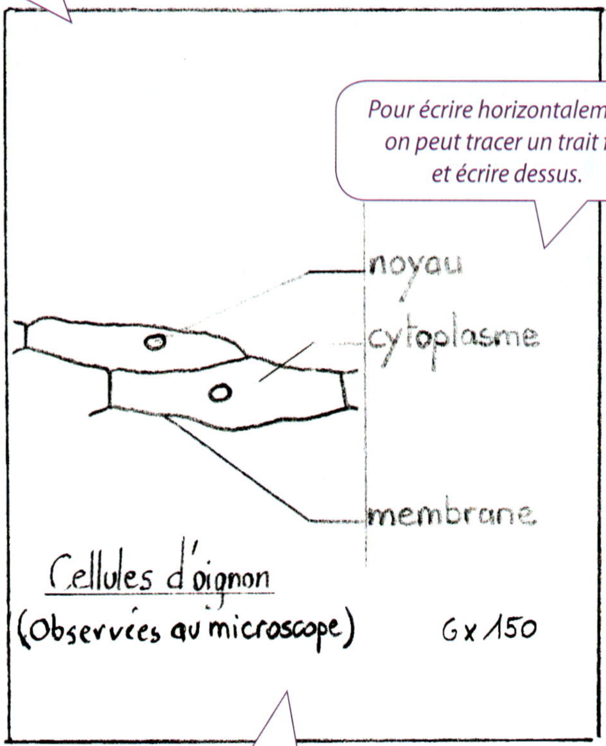

Même si l'objet est observé avec un colorant, le dessin d'observation ne doit être fait qu'au crayon à papier.

B D'autres types de représentations

L'illustration naturaliste

À la limite entre Sciences et Art, l'illustration naturaliste rend parfaitement compte de la réalité et aide à identifier l'organisme dessiné (plante, animal, champignon, etc.).

Un héron.

Le croquis

Le croquis scientifique n'est ni un dessin ni un schéma. Il représente de manière simplifiée, sans détail mais avec légende, des éléments du réel. Il est très utilisé en géologie et dans l'étude des paysages. Il peut se réaliser en couleurs.

Croquis du collège.

Rendre compte d'une observation par un document numérique

A Réaliser une image numérique

1 Acquérir l'image

- Vérifier l'installation du matériel nécessaire à la capture de l'image : un ordinateur et une caméra fixée au niveau de l'oculaire d'un microscope. On peut aussi utiliser une tablette numérique.
- Choisir la zone à photographier.
- Améliorer la qualité de l'image (contraste, luminosité, netteté) à l'aide du logiciel d'acquisition et du microscope.
- Enregistrer l'image en choisissant le dossier sélectionné.

2 Préparer la mise en page

- Réfléchir à la dimension et au positionnement de l'image dans le document.
- Insérer l'image dans un document avec un logiciel de traitement d'images ou de traitement de texte.

Les logiciels permettant de réaliser ce type de documents sont très nombreux et variés. Néanmoins, les opérations à réaliser sont à peu près toujours les mêmes.

- Avec un traitement de texte, on peut réaliser un tableau à deux colonnes : une pour l'image et l'autre pour les légendes.

3 Rédiger les légendes et le titre

- Rédiger les légendes dans la colonne réservée en utilisant le vocabulaire scientifique, sans faute d'orthographe.
- Tracer les traits de légendes sans les croiser. L'extrémité des traits désigne précisément la structure à légender.
- Rédiger un titre précis avec le nom de l'objet observé, le colorant éventuellement utilisé, l'outil d'observation et le grossissement.

Enregistrer de préférence l'image au format .jpeg ou .png pour limiter la taille du fichier sans perdre la qualité de l'image.

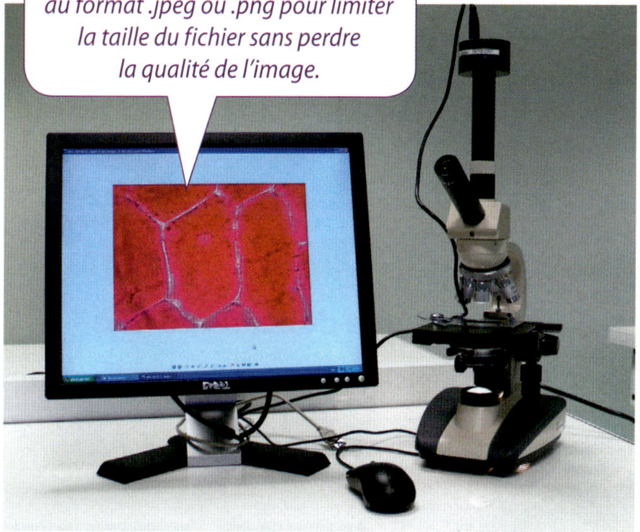

Un exemple de dispositif permettant d'acquérir des images numériques.

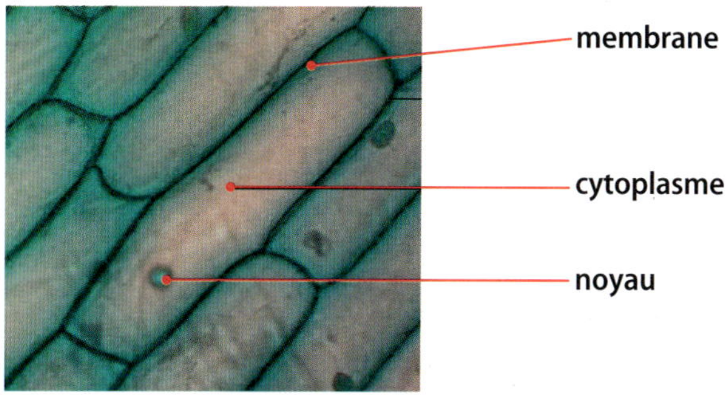

Photographie de cellules d'épiderme d'oignon observées au microscope au grossissement (x 400).

B D'autres types d'utilisations d'une image numérique

L'intégration d'une image numérique dans un document présente de multiples avantages : le document peut être lu, archivé, imprimé, partagé.

Pour accompagner une présentation orale, notamment devant un groupe, on peut réaliser un diaporama numérique à l'aide d'un logiciel de présentation assistée par ordinateur. Les divers éléments constituant la diapositive peuvent être animés. Il est également possible d'ajouter un commentaire sonore.

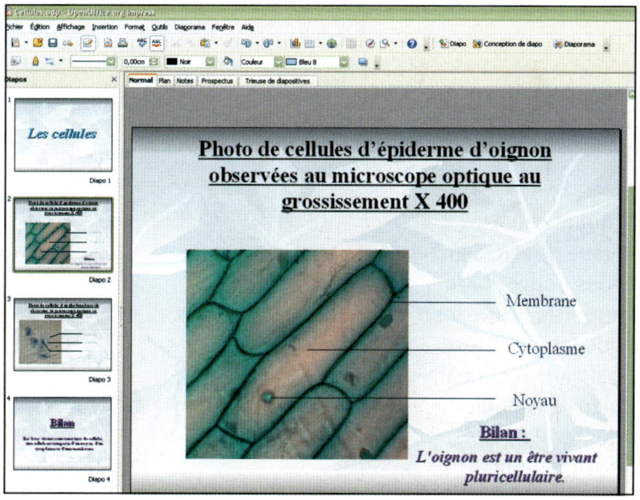

Faire une recherche documentaire

A Avant d'agir, réfléchir

1 Cibler le sujet

- Identifier les informations recherchées.
- Définir les mots clés, c'est-à-dire les mots indispensables à la recherche.

Pour obtenir des informations générales sur les mésanges, le mot clé est « mésange »

Pour connaître le comportement hivernal des mésanges, les mots clés sont « mésange », « comportement », « hiver ».

B Consulter une documentation

2 Utiliser le logiciel de recherche documentaire informatisé du CDI

On peut entrer le titre d'un ouvrage que l'on souhaite consulter.

On peut entrer le nom de l'auteur d'un ouvrage que l'on souhaite consulter.

Rechercher

Thèmes	Titre	Auteur	Collection	Éditeur	Multicritères	Expert

Chercher		ou	
et		ou	
et		ou	
sauf		ou	

Disponibilité	Tous .... ▼	Support	Tous .... ▼
Type de nature	Tous .... ▼	Niveau	Tous .... ▼

Base de recherche	Base courante ▼

On peut rechercher par thème.

On peut rechercher par mot(s) clé(s).

On peut vérifier la disponibilité de l'ouvrage.

Le logiciel affiche les références et le lieu de stockage des différents médias sélectionnés

livre

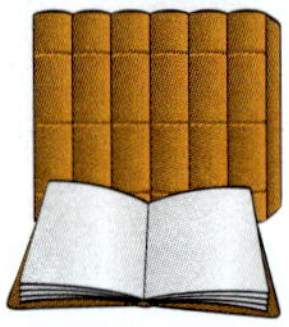

dictionnaire ou encyclopédie

manuel scolaire

journal ou revue

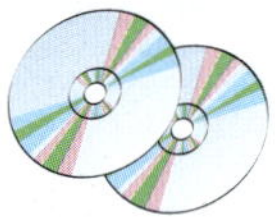

support numérique (CD-Rom, DVD)

Aide

Durant chaque étape de la recherche, vous pouvez faire appel au professeur documentaliste qui gère et connaît bien l'ensemble des fonds documentaires !

Faire une recherche documentaire

C Consulter des bases de données sur Internet

3 Utiliser le moteur de recherche de votre choix sur Internet

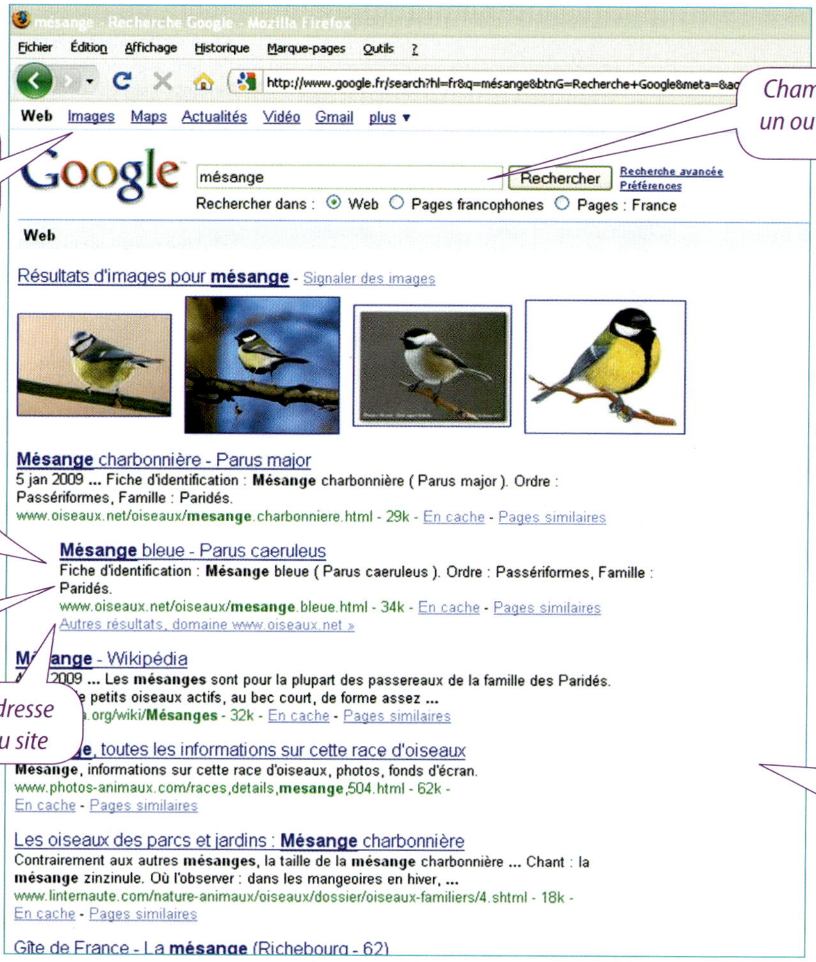

Attention

→ Demandez toujours l'autorisation d'un adulte avant d'utiliser internet.

→ N'envoyez jamais d'informations personnelles (photographie, adresse, numéro de téléphone).

D Choisir des ressources documentaires

4 Sélectionner uniquement les ressources en lien avec le sujet

5 Évaluer la fiabilité des ressources sélectionnées

en se posant des questions comme :

■ Qui est l'auteur ?
Vérifier si les auteurs sont clairement identifiés et s'ils sont spécialistes du domaine étudié. Penser à noter leur nom !

■ Quand le document a-t-il été publié ?
Repérer la date de publication du document. Plus la date est récente moins vous risquez d'obtenir des informations fausses ou trop anciennes.

■ Les informations sont-elles validées ?
Vérifier si les informations proviennent d'une institution officielle (Ministère, Union Européenne, Nations unies, Bibliothèque Nationale) ou d'un organisme contrôlé (Centres de recherche publique, Universités).

Corrigés d'exercices

J'apprends à faire un exercice

p. 24

1. Les composantes de l'environnement

1. Les différentes composantes de l'environnement sont les êtres vivants, les composantes minérales et les éléments fabriqués par l'Homme.

2.

Êtres vivants	Composantes minérales	Éléments fabriqués par l'Homme
– arbres et arbustes – herbe – canards – chien – êtres humains	– eau – nuages – air – sable	– bâtiments – escalier et piliers en béton – passerelle – sentiers

p. 40

1. Le comportement de la sarcelle d'hiver au cours des saisons

1. Le nombre de sarcelles d'hiver présentes en baie de Somme varie beaucoup au cours de l'année : 1 400 en janvier, à peine quelques dizaines en juin et 1 300 environ en octobre.

2. Les sarcelles d'hiver sont absentes de la baie de Somme du début du mois de mai à la fin du mois de juillet. À cette période elles se trouvent en Scandinavie.

3. Pendant la belle saison, les sarcelles d'hiver sont en Scandinavie où elles se reproduisent alors que pendant la mauvaise saison, elles sont présentes sur les côtes françaises et en Espagne le long de la côte méditerranéenne. Au printemps et en automne, elles effectuent deux migrations entre les deux zones : au printemps elles se déplacent de la zone d'hivernage vers la zone de reproduction alors qu'à l'automne elles effectuent le trajet inverse.

p. 58

1. La dispersion des graines

1. La graine de l'épicéa commun est munie d'une aile. La graine de la carotte sauvage est enfermée dans un fruit qui porte des épines. Les graines de l'églantier sauvage se trouvent dans un fruit coloré et charnu au goût sucré.

2.

Graines	Caractéristique qui permet la dispersion de la graine	Moyen de transport utilisé
Épicéa commun	aile	vent
Carotte sauvage	épines	animaux (pelage)
Églantier sauvage	fruit coloré à chair sucrée	animaux (oiseaux)

p. 96

1. La croissance d'un arbre et les ressources en eau

1. On peut compter 16 cernes (la limite entre le 15e et le 16e cerne est très discrète). Comme l'arbre produit un cerne de bois par an, il a donc 16 ans.

2. Chaque année, l'augmentation de la circonférence du tronc se produit à la même période, de mai à août. L'arbre produit donc du bois à la fin du printemps et au début de l'été.

3. En 2003, l'augmentation de la circonférence du tronc a été de 4 mm seulement alors qu'elle a été de 12 mm en 2002 et de 13 mm en 2004. Or, l'année 2003 a été une année de grande sécheresse : on peut en conclure que la production de bois est dépendante des ressources en eau que l'arbre peut trouver dans son milieu.

p. 114

1. Une décomposition plus ou moins rapide

1. Au début du mois d'avril, on constate une disparition de 30 % des feuilles pour le chêne et de 90 % pour le bouleau.

2. La disparition de 50 % des feuilles est atteinte dès le début du mois de janvier pour le bouleau mais seulement au mois de juin pour le chêne.

3. La disparition des feuilles se fait sous l'action des êtres vivants, mais elle dépend de la nature des feuilles. Les feuilles de bouleau disparaissent plus vite que les feuilles de chêne.

p. 172

1. Une ou plusieurs espèces ?

1. Parmi les points communs entre ces individus, on peut citer : présence d'yeux, d'une bouche, de nageoires, d'une ligne plus sombre qui va de l'avant à l'arrière du corps. Parmi les différences, on peut citer : la hauteur du corps, la couleur, la taille des nageoires par rapport à la taille du corps, la position des nageoires.

2. Une espèce est un ensemble d'individus qui se ressemblent, sont capables de se reproduire entre eux et de donner naissance à des individus qui pourront à leur tour se reproduire.

3. La définition de l'espèce dit que les individus doivent se ressembler or on peut penser que les individus présentés ici ont plus de différences que de points communs. La définition dit également que les individus doivent pouvoir se reproduire ; pendant longtemps il a été difficile d'avoir cette information puisque ce sont des poissons vivant dans les grands fonds et difficiles à observer.

4. Le critère de ressemblance est un critère difficile à utiliser car parfois des individus qui ne se ressemblent pas appartiennent tout de même à la même espèce.

Je teste mes connaissances

p. 25

2. Vrai ou faux ?

a. Vrai.
b. Vrai.
c. Vrai.
d. Faux, l'hygrométrie se mesure à l'aide d'un hygromètre.
e. Vrai.
f. Faux, dans un environnement, les êtres vivants se répartissent en fonction de plusieurs caractéristiques (température, luminosité, hygrométrie) mais aussi en fonction de causes locales qui les font varier (heure du jour…).

3. Faites une phrase à partir des mots suivants pour retrouver une notion importante.

a. Les êtres vivants ne sont pas répartis au hasard dans l'environnement.
b. Un mur et un immeuble sont des manifestations de l'activité humaine.
c. L'hygrométrie, la température et la luminosité sont des caractéristiques d'un milieu de vie.

4. Trouvez le mot caché

1 HYGROMETRIE
2 LUMINOSITE
3 ENVIRONNEMENT
4 TEMPERATURE
5 REPARTITION
6 VIVANT
7 LUX

Le mot caché est « minéral ». Il représente une composante de l'environnement qui n'est pas produite par un être vivant, par exemple l'eau, les gaz, les roches…

p. 41

2. Vrai ou faux ?

a. Faux, le peuplement d'un milieu par les êtres vivants varie au cours des saisons. b. Vrai. c. Faux, le coquelicot est une plante annuelle. d. Vrai.
e. Faux, la piéride du chou passe l'hiver sous forme de nymphe.
f. Faux, l'Europe est la zone de reproduction de la cigogne, l'Afrique est la zone d'hivernage.

3. Faites une phrase à partir des mots suivants pour retrouver une notion importante.

a. L'occupation du milieu par les êtres vivants varie au cours des saisons.
b. Les plantes vivaces conservent un bourgeon ou un bulbe en hiver.
c. Les plantes annuelles laissent des graines qui passent l'hiver dans le sol.
d. Certains animaux changent de comportement au cours des saisons comme les hibernants, les migrateurs.
e. Certains animaux changent de forme au cours des saisons.

4. Trouvez le mot caché

1 BOURGEON
2 MIGRATION
3 LARVE
4 VIVACE
5 HIBERNATION
6 BULBE

Le mot caché est « graine ». Les graines passent l'hiver dans le sol. Lorsque les conditions deviennent plus favorables (chaleur, humidité), les graines germent et donnent naissance à de nouvelles plantes.

p. 59

2. Vrai ou faux ?

a. Vrai.
b. Faux, la face inférieure des feuilles du polypode porte des sporanges.
c. Vrai.
d. Faux, les graines peuvent aussi être transportées par l'eau et les animaux.
e. Faux, la reproduction végétative est assurée par des parties du végétal (stolon, rhizome, bouture…)

3. Expliquez comment…

a. Les plantes à fleurs s'installent dans un nouveau milieu grâce à leurs graines. Celles-ci possèdent des dispositifs particuliers (ailes, crochets…) qui favorisent leur dispersion par le vent, les animaux ou l'eau.
b. Les fougères s'installent dans un nouveau milieu grâce à leurs spores. Celles-ci s'échappent des sporanges et sont dispersées par le vent.
c. Certains végétaux peuvent envahir un milieu sans utiliser les spores ou les graines. Dans ce cas une partie du végétal (rhizome, stolon, bouture…) est à l'origine d'une nouvelle plante.
d. Les graines des plantes à fleurs se forment à partir des ovules contenus dans le pistil de la fleur. Cette formation des graines nécessite, au préalable, la pollinisation, c'est-à-dire le transport et le dépôt du pollen sur le pistil de la fleur.

4. Trouvez le mot caché

1 **F**RUIT
2 PISTI**L**
3 POLL**E**N
4 OV**U**LE
5 G**R**AINE

Le mot caché est « fleur ». La fleur porte des étamines qui renferment du pollen et un pistil qui contient des ovules. Le pollen transporté par les insectes ou le vent se dépose au sommet du pistil de la fleur. Par la suite les ovules se transforment en graines et le pistil grossit, il devient le fruit.

p. 72

1. Vrai ou faux ?

a. Faux, l'Homme assure aussi l'entretien de la forêt et sa régénération.
b. Vrai.
c. Vrai.
d. Faux, l'accumulation de déchets provoque l'augmentation de la population de goélands leucophée.
e. Vrai.
f. Vrai.

2. Faites une phrase courte pour retrouver une notion importante.

a. Les activités humaines modifient le peuplement des milieux.
b. La construction d'une autoroute détruit des milieux de vie.
c. La lutte contre les envahisseurs permet la protection des milieux de vie.

3. Trouvez le mot caché

1 HO**M**ME
2 RAGOND**I**N
3 GOE**L**AND
4 DEBO**I**SEMENT
5 PEUPL**E**MENT
6 AUTORO**U**TE

Le mot caché est « milieu ».

p. 97

2. Vrai ou Faux ?

a. Vrai.
b. Faux, il peut aussi se nourrir de matière végétale.
c. Vrai.
d. Faux, la lumière est une condition indispensable à la production de matière par les végétaux chlorophylliens.
e. Faux, ils ont besoin de dioxyde de carbone qu'ils prélèvent dans l'air.

3. Questions à réponses courtes

a. On peut se rendre compte qu'un être vivant produit de la matière en mettant en évidence sa croissance, par exemple en mesurant sa taille ou sa masse.
b. Les animaux se nourrissent de matières provenant d'autres êtres vivants (matières animales ou végétales) et de matière minérale.
c. Les végétaux chlorophylliens ont besoin d'eau, de sels minéraux et de dioxyde de carbone, ce sont uniquement des matières minérales.
d. On ne trouve pas de végétaux dans les grottes parce qu'il Il n'y a pas de lumière, condition indispensable à la croissance des plantes.

4. Trouvez le mot caché

1 LU**M**IERE
2 T**A**ILLE
3 ALIMEN**T**S
4 CRO**I**SSANCE
5 **E**AU
6 MINE**R**AUX
7 P**E**LOTE

Le mot caché est « matière ». La matière constitue les êtres vivants, elle est produite à partir de ce qu'il prélève dans leur milieu.

p. 115

2. Vrai ou Faux ?

a. Vrai.
b. Faux, chaque année les feuilles de la litière sont progressivement décomposées.
c. Vrai.
d. Faux, l'humus est une matière brune constitutive du sol, qui résulte de la décomposition de la matière des êtres vivants.
e. Vrai.
f. Faux, les êtres vivants du sol dépendent les uns des autres pour leur alimentation, ils forment dans le sol un réseau alimentaire.

3. Faites une phrase courte pour retrouver une notion importante

a. La litière se forme par accumulation de feuilles mortes sur le sol.
b. L'humus est la matière sombre provenant de la décomposition de la matière des êtres vivants.
c. La décomposition de la matière des êtres vivants se fait au travers du réseau alimentaire du sol.
d. Les décomposeurs assurent la transformation de la matière des êtres vivants.

4. Légender une image

La zone a est la litière : elle est principalement constituée de feuilles mortes et d'êtres vivants.
La zone b est l'humus : c'est une zone riche en matière des êtres vivants plus ou moins décomposée.
La zone c comporte beaucoup de débris rocheux plus ou moins désagrégés.
La zone d est la roche du sous-sol.

p. 138

1. Vrai ou faux ?

a. Vrai.
b. Faux, l'amidon contenu dans le pain est un sucre lent.
c. Faux, la production de lait dépend aussi des conditions d'élevage et de la sélection par la reproduction d'animaux ayant les meilleures qualités laitières.
d. Vrai. e. Vrai.
f. Faux, l'amélioration de la production des cultures peut avoir des conséquences sur l'environnement : l'utilisation excessive d'engrais et de pesticides pollue les sols et l'eau (eau d'infiltration, cours d'eau, mer).

2. Faites une phrase courte pour retrouver une notion importante.

a. Les besoins alimentaires de l'Homme sont constitués de sucres lents, de sucres rapides, de protéines et de matières grasses.
b. L'élevage et la culture produisent des aliments qui permettent de satisfaire les besoins de l'Homme.
c. Une amélioration de la production des cultures est obtenue en agissant sur la reproduction, les apports nutritifs et les conditions de culture.
d. L'Homme essaie de pratiquer une agriculture respectueuse de l'environnement et de la santé.

3. Expliquez comment…

a. Pour améliorer la production d'aliments, du lait par exemple, l'Homme contrôle les conditions d'élevage et l'alimentation des vaches laitières. Il sélectionne aussi par la reproduction les animaux les plus performants.
b. Pour améliorer la production d'aliments, des céréales par exemple, l'Homme améliore les rendements des cultures. Pour cela, il crée par la reproduction des variétés plus performantes, il apporte des engrais et lutte avec des pesticides contre les ennemis des cultures.

p. 152

1. Vrai ou faux ?

a. Faux, pour fabriquer du pain il faut de la farine, de l'eau, du sel et des levures.
b. Vrai. c. Vrai. d. Vrai.
e. Faux, les levures agissent à des températures de l'ordre de 22 °C et les ferments lactiques n'agissent qu'à des températures voisines de 45 °C.

2. Faites une phrase courte pour retrouver une notion importante.

a. Le pain ou le yaourt sont des aliments obtenus par transformation biologique.
b. Un aliment peut être obtenu par transformation biologique d'une matière première sous l'action de micro-organismes.
c. L'amélioration de la production d'un aliment issu de transformation biologique dépend de la qualité des matières premières, du choix des micro-organismes et du respect des règles d'hygiène.

3. Trouvez le mot caché

1 TRANS**F**ORMATION
2 FARIN**E**
3 YAOU**R**T
4 ALI**M**ENTS
5 L**E**VURES
6 PAI**N**
7 LAI**T**

Le mot caché est « ferment ». Les ferments sont des micro-organismes qui interviennent dans la fabrication d'un aliment issu d'une transformation biologique. Par exemple, les ferments lactiques transforment le lait en yaourt.

p. 173

2. Vrai ou faux ?

1. Vrai.
b. Vrai.
c. Faux, un être vivant unicellulaire est constitué d'une seule cellule.
d. Faux, les végétaux aussi sont constitués de cellules.

3. Chassez l'intrus en justifiant votre choix

a. Paramécie : elle est constituée d'une seule cellule, contrairement aux trois autres êtres vivants qui sont constitués de nombreuses cellules.
b. Épiderme : ce n'est pas un constituant de la cellule, contrairement au noyau, à la membrane et au cytoplasme.
c. Lamelle : ce n'est pas une partie d'un microscope.

4. Trouvez le mot caché

1 CELL**U**LE
2 **N**OYAU
3 UN**I**CELLULAIRE
4 CY**T**OPLASME
5 ESP**E**CE

Le mot caché est donc « unité ».

p. 188

1. Vrai ou Faux

a. Vrai.
b. Faux, on s'intéresse au contraire à leurs points communs.
c. Vrai.
d. Faux, on classe dans une même boite tous les animaux qui ont un squelette interne. Les animaux qui n'ont pas de squelette interne n'ont aucune raison d'être regroupés.

2. Questions à réponse courte

1. Deux êtres vivants peuvent être classés dans un même groupe s'ils partagent un même attribut.
2. On peut classer une jonquille et un cerisier, par exemple, dans un même groupe car ces deux plantes possèdent un même attribut : la fleur (et donc le fruit).
3. Pour ranger des êtres vivants dans la classification scientifique, on doit rechercher quels attributs ils possèdent et les placer dans le groupe caractérisé par ces mêmes attributs.

3. Trouvez le mot caché

1 ATT**R**IBUT
2 C**E**LLULE
3 IDE**N**TIFIER
4 CL**A**SSER
5 FLEU**R**
6 BIO**D**IVERSITE

Le mot caché est donc « renard ».
Attributs permettant de le classer : il a un squelette interne, 4 pattes, des poils et des mamelles.

Le vocabulaire de SVT

A

Attribut (d'un être vivant) : élément qui caractérise cet être vivant et qui est utilisé par les scientifiques comme critère de classification.

B

Besoins nutritifs d'un animal : les animaux se nourrissent de matière minérale et de matière provenant d'autres êtres vivants.

Besoins nutritifs d'un végétal : les végétaux chlorophylliens n'ont besoin que de matières minérales, en présence de lumière.

Biodiversité : diversité des organismes vivants (par exemple, diversité des espèces).

Bourgeon : petit organe renflé qui contient un rameau feuillé miniature.

Bouture : fragment d'une plante capable de reformer une plante entière.

Bulbe : organe souterrain formé d'un ou plusieurs bourgeons entourés de feuilles charnues remplies de réserves.

C

Calcium : minéral présent dans beaucoup d'aliments et entrant dans la composition des coquilles et des os.

Cellule : élément, généralement très petit, qui constitue les êtres vivants.

Chaîne alimentaire : succession d'êtres vivants unis par des relations alimentaires. Chaque être vivant, qui représente un maillon de la chaîne, se nourrit du maillon précédent.

Chaîne du froid : ensemble des opérations permettant de maintenir les produits périssables à basse température afin d'éviter la multiplication des microbes.

Chlorophyllien : qui contient de la chlorophylle, pigment responsable de la couleur verte des plantes.

Classification (des espèces) : réalisation de groupes d'espèces en fonction des attributs qu'elles partagent.

Contamination : présence de microbes indésirables dans un milieu, par exemple le lait.

Croissance d'un être vivant : Augmentation de la taille et de la masse d'un être vivant.

D

Décomposition : transformation de la matière des êtres vivants (après leur mort) en matière minérale. Les êtres vivants qui assurent cette décomposition sont des décomposeurs.

Dispersion (ou dissémination) : déplacement, éparpillement des semences (fruits, graines…).

Dispositif témoin : dispositif servant de référence dans une expérience.

E

Eau minéralisée : eau contenant des sels minéraux dissous (par exemple des sels d'azote).

Engrais : substances que l'on met dans la terre pour que les plantes poussent mieux.

Ensemencement : introduction dans un milieu d'êtres vivants pouvant se développer dans ce milieu.

Épiderme : partie externe de la peau d'un animal ou de certains organes végétaux.

Espèce : ensemble d'êtres vivants qui se ressemblent, sont capables de se reproduire entre eux et de donner naissance à des individus qui pourront à leur tour se reproduire.

Étamines : organes reproducteurs mâles d'une fleur ; elles produisent le pollen.

Être vivant : être qui naît, se nourrit, grandit et meurt. Il peut se reproduire (exemples : les végétaux, les animaux…).

Étude d'impact : étude qui précède ou accompagne les grands travaux (autoroutes, lignes de chemin de fer…) et qui s'intéresse à leurs conséquences sur l'environnement.

Exposition : orientation par rapport à la direction du soleil.

F

Fécondation (chez une plante) : union du pollen et de l'ovule qui produit une graine. La fécondation caractérise la reproduction sexuée.

Le vocabulaire de SVT

Fermentation : transformation biologique sous l'action d'un micro-organisme, par exemple la transformation de la farine en pain ou celle du lait en yaourt.

Ferments lactiques : micro-organismes intervenant par exemple dans la fabrication du yaourt (bactéries).

Fruit : organe de la plante à fleurs contenant une ou plusieurs graines.

G

Germination : développement d'une nouvelle plante à partir d'une graine.

Gestation : période de développement du futur petit dans le corps de la femelle (elle correspond à la grossesse chez la femme).

Graine : élément de dispersion des plantes à fleurs. Après germination, chaque graine peut donner une nouvelle plante.

Grume : tronc d'arbre abattu et débarrassé de ses branches.

H

Hibernation : état de vie ralentie d'un mammifère pendant l'hiver.

Humus : matière sombre du sol, provenant de la décomposition de la matière des êtres vivants.

Hybride : se dit d'un nouvel organisme obtenu par le croisement de deux variétés.

Hygrométrie : quantité d'eau sous forme gazeuse (vapeur d'eau) présente dans l'air humide. Elle se mesure en pourcentage.

I

Impact : effet produit par quelque chose.

L

Larve : jeune individu issu de l'œuf et différent de l'adulte par son aspect et son mode de vie.

Levain : pâte à pain conservée de la veille.

Levures : êtres vivants microscopiques formés de cellules isolées.

Lichen : être vivant qui vit sur les troncs d'arbres, les murs, les rochers… ; il n'a pas besoin de sol pour se développer.

Liège : tissu végétal situé sous l'écorce des arbres.

Litière : partie superficielle d'un sol forestier, formée de feuilles mortes et de débris végétaux et animaux en décomposition.

Lombric : nom scientifique du « ver de terre ».

Luminosité : quantité de lumière présente à un endroit (l'unité est le lux). 1 klux = 1 000 lux.

Luxmètre : appareil qui permet de mesurer la luminosité en lux.

M

Marécage : zone humide dont le sol est recouvert par une couche d'eau stagnante peu profonde.

Masse d'un être vivant : quantité de matière d'un être vivant, mesurée par la pesée grâce à une balance.

Matière minérale : matière non vivante (exemples : l'eau, les gaz, les roches).

Matières grasses : huiles et graisses animales ou végétales ; ce sont des matières riches en énergie.

Membrane : fine enveloppe qui entoure et délimite chaque cellule.

Métamorphose : ensemble des transformations qui permettent le passage de la larve à l'adulte.

Micro-organisme : être vivant de très petite taille ; la plupart du temps, il n'est visible qu'au microscope.

Migrateur : se dit d'un animal qui passe l'été et l'hiver dans deux régions très éloignées l'une de l'autre.

Muqueuse : partie superficielle des cavités et des organes creux du corps.

Mycélium : filaments très fins, souvent blanchâtres, qui constituent les champignons.

N

Noyau cellulaire : un des constituants de la cellule, se présentant sous forme d'une sphère dans le cytoplasme.

Le vocabulaire de SVT

Nymphe : stade intermédiaire existant parfois entre la larve et l'adulte.

O

Organe de dispersion : organe d'une plante lui permettant de coloniser de nouveaux milieux ; la graine par exemple est un organe de dispersion.

Ovule : chez les végétaux, il s'agit d'une structure contenant la cellule reproductrice femelle.

P

Parenté (des êtres vivants) : relation définie par le partage d'attributs entre différentes espèces. Plus le nombre d'attributs communs entre deux espèces est grand, plus la parenté entre ces deux espèces est grande.

Pelote de réjection : parties des proies non digérées (poils, os) rejetées par les rapaces sous forme d'une boule, quelque temps après leur repas.

Pistil : organe reproducteur femelle d'une fleur ; il produit les ovules.

Plancton : ensemble de très petits organismes qui vivent en milieu aquatique à faible profondeur.

Plante annuelle : plante dont la durée de vie est inférieure à un an.

Plante vivace : plante qui vit plusieurs années.

Pluricellulaire : être vivant formé de plusieurs cellules.

Pollen : poudre jaune produite par les étamines de la fleur et contenant la cellule reproductrice mâle.

Pollinisation : transport et dépôt du pollen sur le pistil des fleurs.

Potasse : substance qui absorbe le CO_2 (l'un des gaz présents dans l'air).

Protéines : constituants bâtisseurs nécessaires à la croissance.

R

Régénération naturelle (d'une forêt) : reconstitution naturelle des arbres de la forêt à partir des graines des arbres (glands, châtaignes…).

Régime alimentaire : ensemble des aliments consommés par un animal.

Rendement (d'une récolte) : masse de matière récoltée par unité de surface ; par exemple, masse de grains par hectare.

Répartition d'un être vivant : lieux et moments où cet être vivant est présent dans un environnement ou une aire géographique.

Reproduction végétative : reproduction des végétaux ne faisant pas intervenir la formation de graines (elle se fait par exemple par des bulbes, des rhizomes…).

Rhizome : tige souterraine horizontale.

S

Sevrage : arrêt de l'allaitement maternel.

Sporange : organe qui produit les spores chez les fougères.

Spore : élément de dispersion des fougères et des mousses.

Stolon : tige aérienne rampante.

Sucre lent : sucre qui est assimilé lentement par l'organisme (les féculents par exemple sont des sucres lents).

Sucre rapide : sucre qui est rapidement assimilé par l'organisme (le glucose et le sucre de cuisine sont des sucres rapides).

T

Transformation biologique : modification d'une matière première sous l'action d'êtres vivants.

U

Unicellulaire : être vivant formé par une seule cellule.

V

Vêlage : action de donner naissance à un veau.

Versant : surface inclinée située entre un sommet et le fond d'une vallée.

Index

Un index n'est pas une liste de mots à connaître ; c'est un outil de travail pour se repérer dans le livre à partir d'un mot ou d'une expression.

Crédits Photographiques

Couverture : Ph © John Jason Netherton / SUNSET
p. 6 et **7**, **9** *bas*, **13** *m* (2 docs), **14** *hd*, **15** *mg*, **16** *bas* (2 docs), **17** (3 docs), **22** *HT*, **28** *hd*, **29** *mg*, **31** (4 docs), **38** *ht*, **48** (3 docs), **49** *hd*, **50** *hd*, **51** *m* (2 docs), **52** *hg* et *hd* (6docs), **56** *ht*, **74** *bas*, **80** *bas*, **84** (4 docs), **85** (2 docs), **88** (3 docs), **90** *bas* (3 docs), **91**, **94** *hd*, **96** *g*, **98** *dte*, **102** *ht*, *bg*, *m*, **103** (3 docs), **104** *hd*, **106** (2 docs), **107** *bd*, **108**, **109** *hd* et *md*, **112** *ht* (2 docs), **114** (4 docs), **118** et **119** (3 docs), **126** (4 docs), **122** *bg*, **141**, **142** (7 docs), **143** (5 docs), **145** (4 docs), **146** (3 docs), **150** (2 docs), **156** *hd*, **166** *bas*, **168**, **173** (3 docs), **178** *bg*, **179**, **182** *hd*, **183** *bg* et *bd*, **196** (2 docs), **197**, **205**, **115** Ph© FABRE Claude
p. 8 *ht* : Ph © WATIER -Visuel
p. 8 *bas* : 2 Ph © WATIER-Visuel
p. 9 *ht g* : Ph © FhF GreenMedia / Gap / BIOSPHOTO
p. 9 *ht d* : Ph © Jean-Luc et Françoise Ziegler / BIOSPHOTO
p. 11 : Ph © Hervé Vincent / AVECC-REA
p. 13 *ht* : Ph © JOSSE Emmanuel
p. 14 *bas g* : Ph © SIX Anne et Jacques
p. 14 *m d* : Ph © Sergey G. Sundikov / SHUTTERSTOCK
p. 14 *bas d* : Ph © WATIER Christian
p. 15 *ht* : Ph © Frédéric Fève / BIOSPHOTO
p. 15 *m d* : Ph © WATIER Christian
p. 16 : 2 Ph © JOSSE Emmanuel
p. 18 *Ph © Tips / PHOTONONSTOP*
p. 19 *ht* : Ph © mountainpix / SHUTTERSTOCK
p. 19 *m* : Ph © Marge / SUNSET
p. 22 *bas* : Ph © Droits Réservés
p. 23 : Ph © WHELAN Paul
p. 24 : Ph © Taulin-Hommell / ANDIA PRESSE
p. 25 : Ph © B. Baranger / COLIBRI
p. 26 *ht g* : Ph © PHOTO12.COM / ALAMY
p. 26 *ht d* : Ph © Richard Bloom / Gap / BIOSPHOTO
p. 27 : Ph © Eric Ferry et Bruno Oertel / BIOSPHOTO
p. 28 *ht g* : Ph © Dominique Delfino / BIOSPHOTO
p. 28 *bas g* : Ph © J.-M. Labat /Y. Lanceau PHONE / BIOSPHOTO
p. 28 *bas d* : Ph © JOUAN Remi
p. 29 *ht g* : Ph © Emmanuel Lattes / BIOSPHOTO
p. 29 *ht d* : Ph © Rice Howard / GPL/ BIOSPHOTO
p. 30 *ht* : Ph © Alexander Matt / BIOSPHOTO
p. 30 *bas g* : Ph © Pascal Goetgheluck / BIOSPHOTO
p. 32 *ht g* : Ph © SIX Anne et Jacques
p. 32 *ht d* : Ph © Patrick Lorne / SUNSET
p. 32 *m d* : Ph © SIX Anne et Jacques
p. 32 *bas d* : Ph © Alfred Schauhuber / PHOTO12.com / ALAMY
p. 32 *bas g* : Ph © SIX Anne et Jacques
p. 33 *ht g* : Ph © Joël Bricout / BIOSPHOTO
p. 33 *ht d* : Ph © Jean- Pierre Theron / BIOSPHOTO
p. 33 *m d* : Ph © LABAUNE Frederic
p. 34 : Ph © David Hosking / SUNSET
p. 35 *ht g* : Ph © Thierry Van Baelinghem / BIOSPHOTO
p. 35 *m* : Ph © J.-L. Paumard / COLIBRI
p. 38 *bas g* : Ph © tbkmedia.de / PHOTO12. COM / ALAMY
p. 38 *bas d* : Ph © Alan Carey / CORBIS
p. 39 *bas* : Ph © Adam Woolfitt / PHOTO12.COM / ALAMY
p. 40 : PHOTO12.COM / ALAMY
p. 41 *bas g* : Ph © Bob Jensen / PHOTO12. COM / ALAMY
p. 41 *bas d* : Ph © Blickwinkel / Lenz / PHOTO12.COM / ALAMY
p. 42 *ht d* : Ph © Bush Robin / OSF / BIOSPHOTO
p. 43 *ht* : Ph. © Pascal Goetgheluck/ BIOSPHOTO
p. 43 *bas* : Ph. © David Favagnaro/SPL/ BIOSPHOTO
p. 44 *ht* : Ph. © Brandon Cole/Biosphoto
p. 44 *bas* : Ph. © Flip Nicklin/Minden Pictures/BIOSPHOTO
p. 45 : Ph © Aliki Sapountzi / PHOTO12. COM / ALAMY
p. 46 *ht g* : Ph © LARAMIE / SUNSET
p. 46 *ht d* : Ph © NURIDSANY Claude
p. 46 *bas g* : Ph © Martin Fowler / PHOTO12.com / ALAMY
p. 46 *bas d* : Ph © Denis Bringard / SUNSET
p. 47 *ht d* : Ph © Blickwinkel / Delpho / PHOTO12.com / ALAMY
p. 47 *m g* : Ph © Weiss / SUNSET
p. 47 *m d* : Ph © Scott Camazine / SUNSET
p. 49 *ht g* : Ph © Lisa Moore / PHOTO12. com / ALAMY
p. 49 *m g* : 2 Ph © Hervé Conge / ISM
p. 49 *m d* : Ph © Heather Angel / NATURAL VISIONS
p. 50 : Ph © Droits Réservés
p. 50 *bas* : 2 Ph © THIRIET Claudius
p. 51 *ht g* : Ph © Georges Lopez / BIOSPHOTO
p. 52 *bas d* et **58** *h md*, **60** *hg* et *hd*, **152** *ht* : 5 Ph © FABRE Claude/
p. 53 *m g* : Ph © Renée Morris / PHOTO12. com/ ALAMY
p. 53 *m d* : Ph © Hoffman / PHOTO12. com / ALAMY
p. 56 *bas* : 2 Ph © NURIDSANY Claude
p. 57 *ht* : 2 Ph © Jean-Pierre Rubinstein / ISM
p. 57 *m g* : Ph © Droits Réservés
p. 57 *bas g* : Ph © Gérard Lacz / SUNSET
p. 58 *ht g* : Ph © RICHARD Lucien
p. 58 *ht d* : Ph © Pascal André / BIOS-PHOTO
p. 58 *m g* : Ph © Luis Casiano / BIOS-PHOTO
p. 58 *m* : Ph © Julien Frebet / BIOSPHOTO
p. 59 : Ph © Philippe Giraud / BIOSPHOTO
p. 60 *bas g* : PHOTO12.COM / ALAMY
p. 61 *m g* : Prod DB © Warner Bros / DR
p. 61 *ht m* : © Ph. Vaughan Fleming/SPL/ BIOSPHOTO
p. 61 *ht d* : © DR
p. 61 *m d* : © Ph. Claude FABRE
p. 61 *bas* : © Ph. Kenraiz
p. 62 : 7 Ph.© Claude FABRE
p. 62 *m d* : © Claudius Thiriet/BIOSPHOTO
p. 63 : Ph © Gilles Rolle / REA
p. 64 *ht g* : Ph © Claudius Thiriet / Jacana / Gamma-Rapho
p. 64 *m d* : Ph © WATIER-Visuel
p. 65 *ht g* : Ph © Nahum Budin / PHOTO12. com / ALAMY
p. 65 *m* : Ph © Guy Piton / BIOSPHOTO
p. 66 *ht g* : Ph © Régine Rosenthal / BIOSPHOTO
p. 66 *ht d* : Ph © Denis Bringard / SUNSET
p. 67 *ht g* : Ph © Jean-Luc Kokel / BIOSPHOTO
p. 67 *m g* : Ph © Gilles Martin / SUNSET
p. 67 *m d* : Ph © Gilles Martin / SUNSET
p. 70 *ht* : Ph © Parcs nationaux de France
p. 70 *bas d* : Ph © Olivier Puccia / SUNSET
p. 71 *ht g* : Ph © NHPA / SUNSET
p. 71 *ht d* : Ph © Juniors Bildarchiv / SUNSET
p. 71 *m g* : Ph © J.-M. Labat & F. Rouquette / BIOSPHOTO
p. 71 *m* : Ph © Juniors Bildarchiv / SUNSET
p. 71 *m d* : Ph © Juniors Bildarchiv / SUNSET
p. 71 *bas g* : Ph © J.-L. Klein & M.L. Hubert / BIOSPHOTO
p. 72 : Ph © Guy Piton / BIOSPHOTO
p. 73 *ht g* : Ph © Weiss / SUNSET
p. 73 *bas g* : Ph © BAILLET M.C./J.G. /T
p. 74 *ht g* : Ph. © Claude Feigné
p. 74 *d* : Ph. © Philippe Roy/Hoa-Qui/ GAMMA-RAPHO
p. 74 *m g* : Ph. © Stéphane Bouilland/ BIOSPHOTO
p. 75 *m* : Ph. © Roger Tidman/Photoshot/ BIOSPHOTO
p. 75 *bas* : Ph. © Claude Fabre
p. 76 : Ph © Juan Carlos Munos / GAMMA-RAPHO
p. 77 *ht* : 2 Ph © DELLEZAY J.
p. 77 *bas* : Ph © Thomas Le Bourgeois / CIRAD
p. 78 et **p. 79** : Ph © Florian Moellers / HEMIS.fr
p. 80 *ht g* : Ph. © Bruno Cavigneaux/ BIOSPHOTO
p. 80 *ht d* : Ph. © Jean-Louis Lemoigne/ BIOSPHOTO, reprise **p. 88**
p. 81 : 2 Ph. © FLPA/SUNSET
p. 83 : Ph © Purestock / BSIP
p. 86 : Ph © Quichaoua / PHOTO12.COM / ALAMY
p. 87 *ht g* : Ph © LATTES Emmanuel
p. 87 *m g* : Ph © Mark Carwardine / BIOSPHOTO
p. 87 *m d* : Ph © David Tipling / GETTY IMAGES France
p. 89 *ht d* : Ph © P. Ricard / COLIBRI
p. 89 *m ht* : Ph © ECOLE PUBLIQUE St. Sulpice des Rivoires
p. 89 *m bas* : Ph © LAHACHE Jean-Paul
p. 90 *ht g* : Ph © Win-Initiative / GETTY IMAGES France
p. 90 : Ph. © Animals Animals/SUNSET
p. 94 *ht g* : Ph © Amy White & Al Petteway / GETTY IMAGES France
p. 94 *bas d* : Ph © Ernie Janes / SUNSET
p. 95 *bas* : Ph © Claudius Thiriet / BIOSPHOTO
p. 96 : Ph © NEUMANN Markus, BFW-Vienna
p. 97 : Ph. © PHOTO12.COM / ALAMY
p. 98 *g* : Ph © FAURIE Claude / T
p. 99 *ht m* : Ph. © Sally Mccrae Kuyper/ SPL/BIOSPHOTO
p. 99 *ht d* : Ph. © Scharmann Etal
p. 99 *m g* : Ph. © Winfried Schaefer/Image Broker/BIOSPHOTO
p. 99 *m m* : Ph. © Uscher/ARCO/BSIP
p. 100 *m g* : Ph. © Phototake/BSIP
p. 100 *m m* : Ph. © Science Source/BSIP
p. 100 *m d* : Ph. © Jack Stein Groue/BSIP
p. 100 *bas* : Ph. © Gunther Tschuch
p. 101 : Ph © Blickwinkel / PHOTO12. COM / ALAMY
p. 102 *bas d* : Ph © Jack Chapman / BIOSPHOTO
p. 104 *ht g* : Ph © B. Borrell Casals / Frank Lane Picture Agency / CORBIS
p. 104 *ht m* : Ph © SIX Anne et Jacques
p. 104 *bas g* : Ph © Jean-Michel Labat / BIOSPHOTO
p. 105 *ht g* : Ph © FLPA / SUNSET
p. 105 *ht d* : Ph © Nigel Cattlin / Photo Researchers / BSIP
p. 105 *ht m* : Ph © Marc Fouchard / INRA
p. 105 *m* : Ph © COINEAU YVES
p. 107 *ht g* : Ph © Anthony Bannister / Gallo Images / CORBIS
p. 107 *ht d* : Ph © Jacques Rosès / BIOSPHOTO
p. 107 *m g* : Ph © Pascal Goetgheluck / BIOSPHOTO
p. 107 *bas g* : Ph © Philippe Lebeaux / Wildlife Pictures / BIOSPHOTO
p. 108 *bas g* : Ph © Droits Réservés
p. 109 *g* : Ph © BAIZE Denis (INRA)
p. 112 *bas* : Ph © SCIMAT / BSIP
p. 113 *bas* : Ph © Droits Réservés
p. 116 : Ph. © Chase/Studio/BSIP
p. 117 *m g* : Ph. © Wayne G. Lawler/BSIP
p. 117 *m d* : Ph. © Gregory K Scott/BSIP
p. 117 *bas* : Ph. © PHOTO12.COM / ALAMY
p. 118 *bas g* : Ph. © DR
p. 120 et **p. 121** : Ph © Dave G. Houser / CORBIS
p. 122 : Ph © www.inpes.sante.fr
p. 123 *ht* : Ph. © Hamilton/REA
p. 123 *bas* : Ph. © Christian WATIER
p. 125 : Ph. © WATIER Christian
p. 128 *g* : et dte, 2 Ph. © WATIER Christian
p. 129 *g* : Ph. © WATIER Christian
p. 130 *ht g* : Ph. © WATIER Christian
p. 130 *bas g* : Ph © L. Chaix / COLIBRI
p. 130 *bas d* : Ph © WATIER Christian
p. 131 : Ph © WATIER Christian
p. 132 *ht g* : Ph © Marc Rapilliard / BIOS-PHOTO
p. 132 *bas d* : Ph © WATIER Christian
p. 133 : Ph © Denis Bringard / BIOS-PHOTO
p. 136 *ht* : © IFREMER
p. 136 *bas* : Ph © Yann Arthus- Bertrand / ALTITUDE
p. 137 *ht d* : Ph © James Morris / AKG
p. 137 *ht m* : Ph © Erich Lessing / AKG
p. 137 *bas* : Ph © WATIER Christian
p. 138 : Ph © François Laurens / INRA
p. 139 *m g* : Ph. © Ottmar Diaz/GETTY IMAGES
p. 139 *ht* : Ph. © Tom Graig/REA
p. 139 *m d* : Ph. © Paul Hobson/Naturepl.fr
p. 139 *bas* : Ph. © Nigel Caittlin/GETTY IMAGES
p. 140 : Ph. © Peter Menzel/COSMOS
p. 144 *ht g* : Ph. © THIRIET Claudius/T
p. 144 *ht d* : Ph © C. Thiriet / BIOSPHOTO
p. 144 *bas g* et *bas d* : 2 Ph © THIRIET Claudius
p. 146 : Ph © Berti Hanna / REA
p. 147 *ht g* : Ph © Christian WATIER
p. 147 *ht d* : Ph © Franken Owen / CORBIS
p. 151 *ht* : site : http://carol.lemanour@free.fr, avec l'autorisation de Carol Lemanour
p. 151 *bas* : Ph © Dr Dennis Kunkel Microscopy Inc. / ISM
p. 153 *ht g* : Ph © Jean-Charles Gérard / PHOTONONSTOP
p. 153 *ht d* : Ph © Anne-Hélène Cain / INRA
p. 153 *m g* : Ph © Maximilian Weinzierl / PHOTO12.COM / ALAMY

p. 154 *ht*: Ph. © Lya Cattel/GETTY IMAGES
p. 154 *m g*: Ph. © Neil Brownfor Beamtwenty3.co.uk/GETTY IMAGES
p. 154 *m m*: Ph. © Photo12.com/Alamy
p. 154 *m d*: Ph. © Dasha Petrenko/ SHUTTERSTOCK
p. 155 *ht g*: Ph. © Claudius Thiriet/ BIOSPHOTO
p. 155 *ht m*: Ph. © Alamy/Photo12.com
p. 155 *ht d*: Ph. © Monty Rakusen/Cultura/ PHOTONOSTOP
p. 155 *bas*: Ph. © Lester V. Bergman/ CORBIS
p. 156 *ht g*: Ph © J.-C. Vaillant / PHOTONONSTOP
p. 156 *bas g*: Ph © Van Osaka / PHOTONONSTOP
p. 156 *bas d*: Ph © Sebastien Rabany / PHOTONONSTOP
p. 157 *ht*: © CITE DES SCIENCES ET DE L'INDUSTRIE / graphisme: csuper.fr
p. 157 *bas*: © WWF France, site: http://wwf.wwf.fr
p. 158 : Ph © Wolfgang Pölzer / PHOTO12.COM / ALAMY
p. 160 : anémone de mer, Ph © Christophe Courteau/BIOSPHOTO
p. 160 : libellule, Ph © ethylalkohol/ SHUTTERSTOCK
p. 160 : poisson rouge, Ph © RazoomGame/ SHUTTERSTOCK
p. 160 : chêne, Ph © Marilyn Barbone/ SHUTTERSTOCK
p. 160 : coccinelle, Ph © Eric Gevaert/ SHUTTERSTOCK
p. 160 : lapin, Ph © hway Kiong Lim/ SHUTTERSTOCK
p. 160 : martin-pêcheur, Ph © Marek Cech/ SHUTTERSTOCK
p. 160 : grenouille, Ph © Michael Steden/ SHUTTERSTOCK
p. 161 *ht*: Ph © Jean Stolt/SHUTTERSTOCK
p. 161 *bas g*: Ph © Roger Wilmshurst/BSIP
p. 161 *bas d*: Ph © Visuals Unlimited/ CORBIS
p. 163 : Ph © Jim Zuckerman / PHOTO12.COM / ALAMY
p. 164 *ht g*: Ph © Marcin Perkowski / SHUTTERSTOCK
p. 164 *ht d*: Ph © Thierry van Baelinghem / BIOSPHOTO / T
p. 165 *ht hg*: Ph © Do Van Dijck / MINDEN PICTURES
p. 165 *ht hm*: Ph © Animals-Animals / SUNSET
p. 165 *ht hd*: Ph © Dr Morley Real / SPL / COSMOS
p. 165 *ht g*: Ph © Hugo Willcox / MINDEN PICTURES
p. 165 *ht m*: Ph © Roger Thomas / BIOSPHOTO
p. 165 *ht d*: Ph © Sylvain Cordier / Jacana / GAMMA-RAPHO
p. 167 *ht g*: Ph © Bettmann / CORBIS
p. 167 *ht d*: Ph © Bettmann / CORBIS
p. 167 *bas g*: Ph © Ed Reschke / BSIP
p. 169 *ht g*: Ph © Hervé Conge / ISM, reprise p 176
p. 169 *ht m*: Ph © Jim Zuckermann / CORBIS
p. 169 *ht d* et reprise **p. 158** *hd*: Ph © LABORATOIRE DE MICROSCOPIE NUBLAT, reprise p 176
p. 169 *m*: Ph © Michael Abbey / BSIP
p. 172 : Photos courtesy of: Chris Kenaley, MCZ, G. David Johnson, NMNH, Bruce Robison, MBARI
p. 174 *ht*: Ph © Dorling Kindersley / GETTY IMAGES France
p. 175 *ht*: Ph. © BIOPHOTO Associates/ SPL/COSMOS
p. 175 *m*: Ph. © Digital Vox/SHUTTER-STOCK
p. 175 *bas*: Ph. © Adrian Bicker/SPL/ COSMOS
p. 176 *ht d*: Ph. © BSIP/Visuals Unlimited
p. 176 *m d*: Ph. © Gend Guenther/SPL/ COSMOS
p. 177 : Ph © Armand Chicurel / HEMIS.fr
p. 178 *ht g*: Ph © Ian Edward Schofield / SHUTTERSTOCK
p. 178 *bas d*: Ph © Semjonow Juri / SHUTTERSTOCK
p. 180 *m g*: Ph © Sinclair Stammers / SPL / COSMOS
p. 180 *bas g*: Ph © D. Roberts / SPL / COSMOS
p. 180 *bas d*: Ph © Dave Roberts / SPL / COSMOS
p. 181 *ht g*: Ph © LABAUNE Frederic
p. 181 *ht d*: Ph © LABAUNE Frederic
p. 181 *m g*: Ph. © Jean Marie Prevot/ BIOSPHOTO
p. 181 *m d*: Ph © LECOQ Christophe
p. 182 *ht g*: Ph © Dr Keith Wheeler / SPL / COSMOS
p. 182 *bas d*: Ph © Brian Gadsby / SPL / COSMOS
p. 182 *bas g*: Ph © NURIDSANY Claude
p. 183 *ht g*: Ph © Lilya / SHUTTERSTOCK
p. 183 *m g*: Ph © Markus Gann / SHUTTERSTOCK
p. 183 *m d*: Ph © Dominique Delfino / BIOSPHOTO
p. 186 *bas g*: Ph © A. Fifis / IFREMER
p. 186 *m*: Ph © TETRA / BSIP
p. 186 *ht*: Ph © Ann Ronan Picture Library / PHOTO12.COM
p. 187 *ht*: « Harry Potter et le prisonnier d'Askaban », réalisateur Alfonso Cuaron, 2004, Ph Coll. CHRISTOPHE L
p. 187 *bas*: Ph © Catherine Buttet
p. 188 *bas g*: scorpion, Ph © Barbara Strnadova / BSIP
p. 188 *bas g*: homard, Ph © Dorling Kindersley / GETTY IMAGES France
p. 190 : Ph. © Alamy/Photo12.com
p. 191 *ht gv*: Ph. © Georgette Douwma/ SPL/BIOSPHOTO
p. 191 *ht m*: Ph. © Fred Baven/Minden/ JOEL HALIOUA EDITORIAL AGENCY
p. 191 *ht d*: Ph. © Laurent Piechegut/ BIOSPHOTO
p. 191 *m m*: ph. © Image source/AGE FOTOSTOCK
p. 191 *m d*: Ph. © Frederic Pacorel/GETTY IMAGES
p. 192 *ht g*: Ph © Claudius Thiriet / BIOSPHOTO
p. 192 *ht d*: Ph © Malcom Funston / Gallo Images / CORBIS
p. 192 *bas*: Ph © LATTES Emmanuel
p. 193 *ht g*: Ph © Jean Lecomte / BIOSPHOTO
p. 193 *ht d*: Ph © Daniel Heuclin / BIOSPHOTO
p. 193 *bas g*: Ph © Emmanuel Rathelot / Marine nationale
p. 193 *bas ht d*: © 1996 Forest Stewardship Council A.C.
p. 193 *bas d*: © CITES
p. 194 et **p. 195**: Ph © JLP/ Jose L. Pelaez / CORBIS
p. 204 *bas*: Ph. © British Library/SPL/ COSMOS
p. 206 *ht*: Ph. © Yann Crochet/BSIP

FSC www.fsc.org MIXTE Papier issu de sources responsables FSC® C022030

N° éditeur : 10209299
Dépôt légal : août 2014
Imprimé en France
par Clerc

La classification des êtres vivants

Cellule

Ensemble de tous les êtres vivants

Yeux, bouche

Animaux

Squelette interne

Vertébrés

Nageoires rayonnées

Poissons à nageoires rayonnées

4 membres avec doigts

4 doigts

Batraciens

Carapace

Tortues

Mâchoires à large ouverture

Serpents, lézards

Poils, mamelles

Mammifères

Gésier

Ailes avec plumes

Oiseaux

Crocodiles